无机化学实验

主 编 李飞 石爱华 吴竹青

U0208308

吉林大学出版社

·长 春·

图书在版编目（CIP）数据

无机化学实验 / 李飞，石爱华，吴竹青主编 .— 长
春：吉林大学出版社，2023.1
ISBN 978-7-5768-0351-8

Ⅰ．①无… Ⅱ．①李… ②石… ③吴… Ⅲ．①无机化
学—化学实验 Ⅳ．① O61-33

中国版本图书馆 CIP 数据核字（2022）第 163562 号

书　　名：无机化学实验
　　　　　WUJI HUAXUE SHIYAN

作　　者：李飞　石爱华　吴竹青　主编
策划编辑：邵宇彤
责任编辑：陈　曦
责任校对：王寒冰
装帧设计：优盛文化
出版发行：吉林大学出版社
社　　址：长春市人民大街 4059 号
邮政编码：130021
发行电话：0431-89580028/29/21
网　　址：http://www.jlup.com.cn
电子邮箱：jldxcbs@sina.com
印　　刷：定州启航印刷有限公司
成品尺寸：170mm×240mm　　16 开
印　　张：13
字　　数：210 千字
版　　次：2023 年 1 月第 1 版
印　　次：2023 年 1 月第 1 次
书　　号：ISBN 978-7-5768-0351-8
定　　价：49.00 元

前　言

为了适应我国化学化工研发、教育事业的发展及化工类专业无机化学实验改革的需要，进一步提高吉首大学化学化工学院化学、化工、食品科学及制药工程等专业无机化学实验的教学水平，我们集多年一线实验教学经验，辅以实验教学改革成果，以全国高等学校化学化工类专业无机化学教学大纲的要求为依据，编写了本教材。

无机化学是一门实践性很强的学科，通过无机化学实验教学，可以使学生熟练掌握化学实验的基本操作，加深对无机化学基本理论的理解，为化学、化工、制药工程、食品科学专业学生参加科学研究打下良好的基础。同时，本教材也可以作为化学、药学、中药学、医学检验、食品科学、食品卫生等专业研究生的学习参考书。本教材主要内容有无机化学实验的各项基本操作（如常用玻璃仪器的使用方法，小型测量仪器的使用，固体试剂和液体试剂的取用、称量、溶解、加热、离心、过滤、蒸发、结晶等），综合及设计性实验，以及无机化学常用数据等部分，所甄选的内容突出创新性和实用性。

参加本书编写的有李佑稷（第一部分），吴贤文（第二部分），石爱华、吴竹青（第三部分），李飞（第四部分），全书由李飞统一修改定稿。本教材在编写的过程中得到吉首大学化学化工学院领导的悉心指导及大力支持，同时，无机及物化教研室的其他老师对本教材的编写提出了宝贵意见。

本教材得到教育部第二批新工科研究与实践项目（编号：E-HGZY20202023）、2021湖南省普通高等学校教学改革研究项目（编号：HNJG-2021-0122）、湖南省线下一流本科课程（无机化学）等项目的资助，在此，我们一并表示衷心的感谢！由于编者水平有限，书中存在的缺点和错误在所难免，恳请同行专家及师生批评指正！

编　者

2022 年 1 月

目 录

第一章 绪 论

一、如何学好做好无机化学实验

（一）无机化学实验的作用与地位

化学是一门中心科学，其一方面与物理学、生物学等同属于自然科学中的基础学科，是培养理、工、农、医专业学生基本科学素质的课程；另一方面，化学学科自身的快速发展为相关学科的发展提供了物质基础。因此，可以说化学在多边学科关系中处于中心地位。

无机化学实验作为学生步入大学校园，接受化学、化工、材料、环境以及生物医药等专业系统教育的第一门化学实验课，其学习效果直接影响着学生对化学及相关课程学习的兴趣和习惯的养成。此外，无机化学实验与其理论课相辅相成，无机化学实验不仅能使学生掌握化学实验的基本操作方法和实验技能，还能进一步加深其对基础化学理论的理解，同时能培养学生观察和记录实验现象，分析、归纳、综合实验数据，撰写实验报告及综合设计实验的能力，使学生具有严谨、认真、实事求是的科学态度，相互协作的团队精神和勇于开拓的创新意识。因此，无机化学实验在整个化学教学与人才培养中起着非常重要的作用。

（二）无机化学实验的教学目的与任务

无机化学实验是大学化学专业及相关专业一年级学生的必修课程，主要任务有以下六个方面。

（1）巩固并加深学生对化学基本概念和基本原理的理解。

（2）培养学生的实验思维，提高其动手能力，同时努力培养学生的创新意识与创新能力。

（3）使学生掌握实验的基本操作、技能和知识，即知道如何做实验。

（4）培养学生观察和解释实验现象的能力，即学会如何做实验记录。

（5）培养学生处理数据与实验结果的能力，即学会如何写实验报告。

（6）使学生养成良好的实验习惯，如保持实验室整洁、合理安排实验、实事求是等。

（7）培养学生独立思考和解决问题的能力，以及良好的实验室素质，为学习后续课程、参加实际工作和开展科学研究打下坚实基础。

（三）无机化学实验学习方法

明确的学习目的与正确的学习方法是学好无机化学实验必不可少的。把握好以下三个关键环节，对学好无机化学实验课程、用好无机化学实验知识至关重要。

1. 认真预习

（1）每次实验课前，认真阅读实验教材及指定的教科书、参考资料（如精品课程教学视频）的相应部分。

（2）明确实验目的和要求，思考并回答实验教材中的思考题，理解实验原理。

（3）熟悉实验内容，了解基本操作和仪器的使用，以及相关注意事项。

（4）写出预习报告（包括实验原理、简要步骤、主要的基本操作及其注意事项、做好实验的关键环节、应注意的安全问题等）。

2. 做好实验

（1）严守实验室相关规章制度，按照实验步骤及操作规程认真进行每一步实验，仔细观察实验现象，并如实做好详细记录。

（2）遇到问题，冷静分析，力争自己思考解决。例如，观察到的实验现象与已学理论不符，可尝试在尊重实验事实的基础上加以分析，必要时进行重复实验，直至获取正确结论。遇到疑难问题可以同老师讨论。实验失败时，应找出原因，经指导老师同意后重新实验。

（3）实验过程中保持实验室、实验桌的干净整洁，"三废"按规定回收，自觉养成良好的卫生习惯。

（4）爱护公物，使用仪器和设备时胆大心细，节约药品、水、电、气等。

3.写好实验报告

实验结束后及时写好实验报告。实验报告的内容应包括以下部分。

（1）实验目的、原理、基本操作及其注意事项。

（2）实验内容及流程。

（3）原始数据及实验现象记录。

（4）实验结果。包括对实验现象的分析和解释、元素及其化合物性质变化规律的归纳总结、原始数据的处理、实验结果的讨论、整个实验过程的总结、实验内容或实验方法上的改进意见。

实验报告格式规范：

无机化学测定实验报告

实验名称：_____　室温 _____　气压 _____

年级 _____　姓名 _____　实验室 _____　指导老师 _____　日期 _____

实验目的：

_____

测定原理：

_____

数据记录及结果处理：

_____

问题和讨论：

_____

附注：

_____

指导教师签名 _____

无机化学制备实验报告

实验名称：_____ 室温 _____ 气压 _____
年级 _____ 姓名 _____ 实验室 _____ 指导老师 _____ 日期 _____

实验目的：

_____

实验原理（简述）：

_____

主要流程（可画简图）：

_____

主要现象及解释（可写反应式）：

_____

实验结果处理（产品外观、产量、产率、纯度）：

_____

问题和讨论：

_____

附注：

_____

指导教师签名 _____

无机化学性质实验报告

实验名称：_____ 室温 _____ 气压 _____
年级 _____ 姓名 _____ 实验室 _____ 指导老师 _____ 日期 _____

实验目的：

_____

实验内容简述：

实验步骤	实验现象	现象解释

实验结论：

_____

问题与讨论：

_____

附注：

_____

指导教师签名 _____

二、无机化学实验室学生守则

（1）严格遵守实验室各项规章制度，保持实验室安静，听从授课教师安排。

（2）爱护实验室的设备和仪器，节约水、电和煤气。严禁将实验室内的任何物品带出实验室。

（3）课前提前进入实验室清点仪器，如果发现有破损和缺少的，按规定手续向实验室补领。实验中如有仪器损坏，应立即主动报告指导教师，换取新仪器。

（4）实验时仔细观察，认真思考，详细做好实验记录。使用仪器时，应按照要求进行操作。按规定量取用药品，无规定量的，尽量少用，节约药品。取药品时要小心，不要撒落在实验台上。药品自瓶中取出后，不能再放回原瓶中。

（5）实验过程中，应保持实验台面的整洁。实验后废纸、火柴梗等固体废物应倒入垃圾箱内，切勿倒入水槽，以免堵塞下水管道。废液必须倒入废液缸内，以便统一处理。

（6）完成实验后，将所用仪器洗净并整齐地放在指定位置，将实验台擦净，最后检查水、电和煤气是否关好。

（7）实验结束后，值日生负责清扫地面和实验室，检查水龙头以及门窗是否关好，电源是否切断。最后请指导教师检查，得到指导教师许可后才能离开实验室。

第二章　基本操作及实验技能

一、实验数据处理及表达

（一）测量误差的种类及原因

测量中的被观测量，客观上都存在一个真实值，测量值与真实值之间的偏差，称为测量误差。测量误差普遍存在，对同一试样进行多次重复测试，测定结果往往不会完全一致。当然，测量的误差越小，测量结果就越接近真实值。误差可表示为绝对误差和相对误差：

$$绝对误差 = 测量值 - 真实值 \qquad (2\text{-}1)$$

$$相对误差 = \frac{绝对误差}{真实值} \times 100\% \qquad (2\text{-}2)$$

相对误差可表示误差在测量结果中所占的百分比，测量结果的准确度常用相对误差表示。

根据误差的产生原因，可将误差分为两类。

1. 系统误差（可测误差）

系统误差通常是由某些较为确定的因素引起的，其对测定结果的影响比较确定，如仪器误差、试剂误差、人员过失、方法误差等。通过改进方法、改善实验条件、提高人员责任心、校正仪器等手段可有效减小或消除此类误差。

2. 偶然误差（随机误差）

偶然误差通常是由一些偶然因素引起的，如数值、符号等，无规律可循，所以又称随机误差。偶然误差不可避免地存在于观测值中，一般仅能通过增加平行测量次数予以减小。

（二）测量准确度及其提高方法

1.准确度与精密度

测量值与真实值之间相差的程度，称为准确度，一般用相对误差表示。

相同条件下，经多次测量，其结果互相吻合的程度，称为精密度，其表现的是测定结果的重复性，一般以相对平均偏差表示，其值越小，表明测量精密度越高。

单次测量的绝对偏差：

$$d_i = x_i - \bar{x} \tag{2-3}$$

单次测量的相对偏差：

$$d_r = \frac{d_i}{\bar{x}} \times 100\% \tag{2-4}$$

平均偏差：

$$\bar{d} = \frac{|d_1| + |d_2| + |d_3| \cdots + |d_n|}{n} = \frac{\sum_i^n |d_i|}{n} \tag{2-5}$$

相对平均偏差：

$$\bar{d}_r = \frac{\bar{d}}{\bar{x}} \times 100\% \tag{2-6}$$

标准偏差：

$$s = \sqrt{\frac{d_1^2 + d_2^2 + d_3^2 \cdots + d_n^2}{n-1}} = \sqrt{\frac{\sum_i^n d_i^2}{n-1}} \tag{2-7}$$

其中，i 表示第 i 次测量，x_i 表示第 i 次的测量值，$\bar{x}$ 表示测量平均值，n 表示总共测量了 n 次。

2.准确度提高的方法

（1）选取合适的测量方法及校正测量仪器。测量前，需根据实验结果对准确度的要求选择合适的校正方法，如采用国标法与实际选用方法的结果进行比较，予以校正。

（2）标样对照实验。在相同条件下对标准试样进行测定，将标准试样作为对照，修正测量值，从而消除系统误差。

（3）进行空白实验。在相同测定条件下，用蒸馏水代替样品进行测量，以消除水质不纯所造成的系统误差。

（4）增加平行测定次数。按照概率统计规律，增加测量的次数，取各种测定结果的平均值，可减小随机误差。

（三）有效数字及运算规则

1. 有效数字

有效数字是指实际能测量到的具有实际意义的数字，其由准确数字与一位可疑数字组成。实际测量时，需根据测量方法和所用仪器的精确度决定有效数字的位数。有效数字位数是从数字最左边第一个非零的数字起至最后一个数字为止的数字个数，如表2-1所示。

表2-1 有效数字的仿数表示

测量值	0.025 7	0.123 5	0.001 0	1.565 6	4.300	1.002 1	61 000
有效数字位数	3 位	4 位	2 位	5 位	4 位	5 位	不确定

以"0"结尾的正整数，有效数字的位数不定，如上表中 61 000 的有效数字可能为 2 位、3 位、4 位、5 位，这种情况应根据所用仪器的精确度用科学计数法表示。如果有效数字位数为 2 位，应写成 6.1×10^4；为 3 位，应写成 6.10×10^4。以此类推。

2. 有效数字的修约规则

"四舍六入五留双，五后有数就进一，五后没数要留双"规则：当测量值中修约的数字等于或小于 4 时，该数字应舍去。等于或大于 6 时，进位。当修约的数字为 5 时：5 后面的数字不全为"0"，则进一，如 1.350 6 要保留 2 位有效数字，被修约后为 1.4；5 后面无数据或全为 0 时，5 之前的数字若为奇数则进一，若为偶数（包括"0"）则不进，使末尾数字为偶数。如表 2-2 中数字都保留 2 位有效数字。

表2-2 有效数字的修约表示

修约前	1.250 0	1.750 0	1.050 0
修约后	1.2	1.8	1.0

修约数字时，原测量值须一次修约到所需要的位数，不能分次修约。运算时可多保留一位有效数字进行。

3. 运算规则

（1）加减运算。在加减运算中，所得结果的小数点位数应与前面各加减数中小数点位数最少者一致，如 $27.3 + 0.27 + 6.390 = 34.0$。

（2）乘除运算。乘除运算中，所得结果的有效数字位数应与前面参与运算的数值中有效数字位数最少者一致，与小数点位置无关，如 $0.012\ 1 \times 25.64 \times 1.057\ 82 = 0.328$。

（3）对数运算。在对数运算中，真数有效数字的位数应与对数尾数的位数一致，与首数无关。首数用于定位，非有效数字。

例如，$\lg 15.36 = 1.186\ 4$ 为 4 位有效数字，不能写成 $\lg 15.36 = 1.186$；溶液 $pH = 4.75$，此为 2 位有效数字，其氢离子浓度为 $1.0 \times 10^{-5}\ mol/L$。

（4）乘方或开方运算。有效数字在进行乘方或开方运算时，幂或根的有效数字的位数与原数相同，若乘方或开方后还需进行其他数学运算，则幂或根的有效数字的位数可多保留 1 位。

（四）化学实验中数据处理及表达

化学实验中测量一系列数据的目的是找出一个合理的实验值，通过数据找出某种变化的规律，这就需要对实验数据进行处理并归纳、整理，最终以读者可以理解的形式表达出来。

无机化学实验中，一般对定量要求不是很高，实验时只需求 2 ～ 3 次即可。所得数据较为平行，以平均值作为实验结果。

列表法与作图法是实验数据处理与表达的主要方式。

1. 列表法

将实验数据及相关计算结果在表中按顺序、有规律地展示出来，简洁直观。一张完整的表格应包括顺序号、名称、项目和说明数据。具体要求如下。

（1）每张表格都应有含义明确的完整表名。

（2）表中的每个变量需占一行或一列，每行或每列的第一栏要写明变量的名称、量纲和公用因子。一般先列自变量后列因变量。

（3）表中数据排列须整齐统一：有效数字的位数须保持相同；同一列数据的小数点须对齐；若为函数表，须按自变量递增或递减来排列，从而显示出因变量的变化规律。

（4）表内涉及的数据处理方法及计算公式，须在表内相应位置或表下注明。

2.作图法

作图法表达实验结果的优点：能直观显示数据特点和数据变化规律；根据做出的图可求出斜率、截距、切线等；根据图形易找出变量间的关系；根据图形的变化，可对偏差较大的实验数据进行快速剔除。

作图的步骤如下。

（1）图纸和坐标的选择

图纸常用直角坐标和半对数坐标纸，通常横坐标为自变量，纵坐标为因变量。具体要求如下。

①坐标刻度须表达出全部有效数字。

②坐标标度应取易读数的分度。

③在满足上述两个要求下，所选坐标纸的大小须包含全部所需数且略有宽裕。

如无特殊要求，为充分利用图纸和保证图的精密度，其原点不一定必须为变量零点。

（2）点和线的描绘

①点的描绘：代表某一读数的点，通常用○、×、▲等不同符号表示，符号重心位置即读数值，符号大小应能大致显示测量误差的范围。

②曲线的描绘：根据数据点趋势绘出的线须平滑，落于曲线两侧的数据点的数目应大体相等。可先用铅笔工具沿数据点的变化趋势进行手绘，再用曲线尺逐段吻合手绘线，做出光滑曲线。为保证曲线所示规律的可靠性，应在曲线的极大点、极小点或转折点处，多测量几个数据点。同一图上绘制多条曲线时，不同曲线上的数值点应用不同符号表示，描绘出的曲线也可以用不同粗细、虚实、颜色等特征突出其直观差异。

③图名及说明：绘制好图形后，应配上合适的图名、坐标轴代表的物理量、比例尺，以及主要测量条件（如温度、压力、浓度等）。

④由于计算机技术的发展，精美清晰的图形可通过计算机绘制，但基本要求相同。

二、化学试剂的取用

化学试剂是用于研究其他物质组成、性状及其质量优劣的纯度较高的化学物质，其既是化学反应进行的主体，也是化学实验进行的媒介。化学试剂具有不同的纯度级别、类别以及性质。通常情况下，瓶身标签左上方标有纯度级别符号，标签右端注明了相应的规格。

目前化学试剂的纯度标准有五种，国家标准符号为"GB"。根据药品试剂中杂质的含量，可将我国生产的化学试剂大致分为四个等级，具体如表2-3所示。

表2-3　我国生产的化学试剂的等级标准

级　别	名　称	英文名称	英文缩写	标签颜色
一级品	优级纯（保证试剂）	Guarantee reagent	GR	深绿
二级品	分析纯（分析试剂）	Analytical reagent	AR	金光红
三级品	化学纯	Chemical pure	CP	蓝
四级品	实验试剂	Laboratory reagent	LR	棕或黄
其　他	生物试剂	Biological reagent	BR	黄或其他色

实验时应根据需求选用适当级别的试剂。例如，在一般无机化学实验中，化学纯级别的试剂就能符合实验要求；有的实验需使用分析纯试剂；而滴定所用的基准试剂需使用优级纯试剂。

（一）固体试剂的取用

（1）取用试剂药品前，注意查看标签，确认是否为所需的物质及纯度。取用时先打开瓶盖和瓶塞，并将其倒放在实验台上。

（2）用干净的药匙取用。药匙一般专匙专用，用过的药勺须洗净并擦干，然后才能使用，以免沾污试剂。

（3）取放药品时，药匙尾端顶着掌心，大拇指和中指压住药匙的中端宽面，用食指轻轻点击药匙的窄面，尽量将药品全部抖出药匙并落入称量纸或其他盛药品的容器中。

（4）称量时，根据需要"少量多次"添加。取多的药品切忌倒回原瓶。

（5）一般的固体试剂可以放在干净的称量纸或表面皿上称量，具有腐蚀性、强氧化性或易潮解的固体试剂应放在玻璃容器内称量。

（6）向试管（特别是湿的试管）中加入固体试剂时，为了避免试剂粘黏试管壁，可用宽度合适、长度比试管稍长的较硬对折纸片（即纸槽）将药品送入倾斜状态下的试管底部，再将试管竖直，然后将纸片轻轻抽出，从而使试剂全部落入管底。需要注意的是，向试管中加入块状固体试剂时，应先倾斜试管，让固体试剂沿管壁缓慢滑入试管底部，以免撞破管底。

（7）取用试剂后，应立即盖紧瓶盖。

（8）有毒药品的取用最好在老师的指导下进行。

（二）液体试剂的取用

（1）取用试剂前，注意查看标签，确认是否为所需的物质、浓度、纯度等。实验时，试管里的溶液量一般不超过试管容积的1/3。

（2）滴瓶中的液体试剂须用滴瓶中的滴管取用，专管专用。滴管绝不能伸入所用容器中，以免接触器壁沾污药品（即用"悬滴法"）。装有药品的滴管不得横置或倒置，以免液体试剂流入滴管胶头内，腐蚀胶头。

滴管用法：用无名指和中指夹住滴管颈，大拇指和食指捏乳胶头，先挤掉滴管内空气，然后伸入滴瓶内吸取试剂，再以"悬滴法"放出试剂，滴管用完后立即插回原滴瓶，以免混淆。

（3）细口瓶中的液体试剂须用"倾注法"。先将瓶塞取下并倒放在桌面上，握住试剂瓶的标签面，缓慢倾斜瓶身，让试剂沿洁净的试管壁流入试管或沿着洁净的玻璃棒注入烧杯中，待达到所需量后，将试剂瓶扣在容器上稍做停留，再缓慢竖起试剂瓶，以免遗留在瓶口的液体滴流到瓶的外壁。

（4）在进行实验中，若不需要知道试剂的准确体积（即非定量取用）时，可用估量方式取出。例如，用滴管取用液体试剂时，1 cm相当于20滴；或用离心试管估计液体试剂量。

（5）定量取用液体试剂时，需借助量筒或移液管。这里需要注意的是，实验时应根据需要选用适当容量的量筒来量取所需体积的液体试剂；读数时，视线应与量筒内液体弯月面的最低处保持水平，否则会造成较大的误差。

（三）物质的称量

一般物质采用普通天平或分析天平直接对所需物质进行称量，而吸湿、易氧化以及易与 CO_2 反应的物质，通常采用减量称量法进行称量。具体操作流程如下。

1. 普通天平（台秤）

（1）调平：开机前，天平水平仪内的水泡应位于圆环中央，否则需通过天平地脚螺栓进行调节，方法为左旋升高，右旋下降。

（2）预热：初次接通电源或长时间断电后的天平，至少需要预热 15 min。

（3）开机：按开关键，接通显示器后，等待仪器自检。当显示器显示零时，自检结束，可进行称量。

（4）称量：先将称量纸（或玻璃盛器）置于秤盘上，按"TARE"（去皮）键或置零键，待显示器显示零时，再将需要称量的物质加于称量纸（或玻璃盛器）上进行称量。

（5）称量完毕：按开关键，关闭天平。

2. 分析天平

（1）调平：调整地脚螺栓高度，使水平仪内的空气气泡位于圆环中央。

（2）预热：天平在初次接通电源或长时间断电之后，至少需要预热 30 min。

（3）开机：按开关键直至全屏自检，显示天平型号，当显示回零时，天平就可以称量了。

（4）分析天平首次使用必须进行校正。按"TARE"键，显示"0.000 0 g"；按"CAL"键，显示"CAL"，此时在秤盘中央加上校正砝码，同时关上防风罩的玻璃门，等待自动校准；当显示器出现"+200.000 0 g"，同时蜂鸣器响了一下后，天平校准结束。移去校准砝码，天平稳定后显示"0.000 0 g"。若按"CAL"键后，出现 CAL-E，可按"TARE"键。再重复以上操作。

（5）称量：将称量瓶或称量纸置于秤盘上，关上侧门，轻按一下去皮键，数字归零，然后逐渐加入待称物质，直到得到所需重量。称量时应从侧门取放物质，读数时应关闭箱门以免空气流动引起数字不稳。

3.减量称量法

（1）取出适量试剂于称量瓶中，盖上瓶盖后再用干净的纸条套住称量瓶，并送至分析天平秤盘中央，称出"称量瓶＋试样"的准确质量（M_1），然后按去皮键清零。

（2）用纸条套住称量瓶，将其从称盘上取出，置于接收容器上方，然后用干净的小纸条包住瓶盖柄并打开瓶盖。倾斜称量瓶，用瓶盖轻敲称量瓶瓶口，使试样落入接收容器中。

（3）当接收容器中的试样接近所需量时，继续轻敲瓶口，同时慢慢竖起称量瓶，使黏附在瓶口的试样落入容器或落回称量瓶中，再盖上瓶盖。

（4）将称量瓶置于分析天平秤盘上，称出"称量瓶＋试样"的准确质量（M_2）。称取试样质量 ＝ M_1-M_2

（5）称量结束后及时将称量瓶放回干燥器内，关上侧门，关机，并做好使用情况登记。称量过程中，也可用干净的手套代替小纸条。

（四）注意事项

（1）将天平置于稳定的工作台上，避免振动、气流及阳光照射。

（2）称量前应检查天平是否正常，是否处于水平位置，玻璃框内外是否清洁。

（3）称量物不能超过天平负载，不能称量热的物体。

（4）称量易挥发和具有腐蚀性的物品时，要将其盛放在密闭的容器中，以免腐蚀和损坏电子天平。

（5）经常对电子天平进行校准，天平都配有固定的校正砝码，不能错用其他天平的砝码。砝码应用镊子夹取，不能用手拿，用完放回砝码盒内。

（6）分析天平内应放置干燥剂，常用变色硅胶，应定期更换。

（7）保持天平内部清洁，必要时用软毛刷或绸布抹净或用无水乙醇擦净，长期不用的天平，可暂时保存起来。

三、常用固液分离操作

（一）倾析分离

适用于沉淀密度较大或结晶颗粒较大，静置后能沉降至容器底部的沉淀分离和洗涤。

具体操作（图2-1）：

（1）静置沉淀，待沉淀完全沉降。

（2）架玻璃棒，以食指压住玻璃棒，一端搭在烧杯槽口用于引流。

（3）将沉淀上部溶液经玻璃棒引流倾入另一容器内，至流尽。

（4）加入少量蒸馏水于沉淀烧杯内，充分搅拌后待沉降，再倾去蒸馏水。

（5）重复上述操作3遍以上，即可把沉淀洗净，达到沉淀与溶液分离。

图2-1　倾析法

（二）常压过滤

常压过滤法通常使用玻璃漏斗和滤纸进行固液分离（图2-2）。按照孔隙的大小，滤纸可分为快速、中速和慢速3种。很显然，快速滤纸孔隙最大，过滤速度最快。

图2-2　常压过滤

常压过滤的动作要领可总结为"一角""二低"和"三靠"。

（1）过滤前，将滤纸用 4 折法折叠成圆锥形（如果漏斗角度刚好为 60°，则滤纸锥体角度需稍大于 60°，可通过调整第二次对折的折叠角度改变滤纸锥体的角度，以保证滤纸与漏斗紧密贴合）。然后将滤纸撕去一角，置于漏斗中，滤纸边缘应低于漏斗边缘约 5 mm。

（2）用水润湿滤纸，使其紧贴玻璃漏斗内壁。如果滤纸与漏斗壁之间存在气泡，可用手指轻压滤纸，将气泡赶出。

（3）向漏斗中加蒸馏水至近滤纸上沿，使漏斗颈全部被水充满，当滤纸上的水全部流尽后，漏斗颈中仍有水柱保留。

（4）在倾倒溶液时，将玻璃棒靠于 3 层滤纸处，通过玻璃棒引流倒入溶液，漏斗中的液面高度应始终低于滤纸高度的 2/3。

（5）沉淀洗涤：溶液转移完毕后，倒少量蒸馏水于沉淀中，并用玻璃棒充分搅动，静置，待沉淀下沉后，将上清液倒入漏斗。如此重复洗涤 2～3 次，最后把沉淀转移到滤纸上。

注意事项：

（1）漏斗下端长边须紧贴接收容器内壁，可通过调整漏斗架高度来实现。

（2）倾倒溶液后，再用玻璃棒转移沉淀。

（3）漏斗颈在整个过滤过程中须一直充满液体。

（4）洗涤时，采用少量（洗涤液）多次洗涤，以提高洗涤效率，洗后尽量沥干。

（三）减压过滤

减压过滤又称"抽滤"，其过滤装置由滤纸、布氏漏斗、抽滤瓶、循环水真空泵等部件组成（图 2-3）。此法可加速过滤，循环水真空泵使抽滤瓶内气压减小，瓶内与布氏漏斗液面上形成压力差，从而加快过滤速度。此外，还可使沉淀抽吸得较为干燥，但不适用于胶状沉淀和颗粒太小的沉淀。

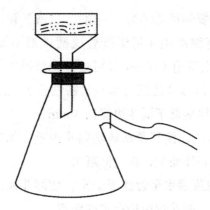

图 2-3　抽滤装置

减压过滤的流程及要领：

（1）将滤纸放入布氏漏斗并用水润湿，滤纸须覆盖全部瓷孔且内径比布氏漏斗内径小。若漏斗孔较大，可用 2～3 层滤纸，以免滤纸穿孔。

（2）在组装布氏漏斗与抽滤瓶时，需使布氏漏斗的斜口与抽滤瓶的抽气支管相对，以防流下的溶液吸入循环水真空泵。

（3）开循环水真空泵，并将循环水真空泵的气管连接抽滤瓶的支管，减压使滤纸与漏斗贴紧。

（4）慢慢倒入待过滤溶液，进行过滤，加入的溶液不超过漏斗容积的2/3。当溶液流完后再转移沉淀，继续减压抽滤。

（5）沉淀基本抽干后，先拔下循环水真空泵气管，用少量蒸馏水洗涤沉淀，再接上气管进行抽滤，如此反复 3 次，可洗净沉淀。

（6）抽滤完成后，先拔下循环水真空泵气管，再关闭循环水真空泵，以防倒吸。

（7）分离布氏漏斗和抽滤瓶，用玻璃棒或药匙轻轻揭起滤纸边缘，取出滤纸和沉淀，滤液必须由抽滤瓶上口倒出。

（四）离心分离

离心分离是一种借助离心力使不同比重的物质发生分离的方法。离心机等设备运作时产生的较大角速度使离心力远大于重力，可使溶液中的悬浮物沉淀析出。此外，不同比重物质的沉降速度因所受离心力的不同而不同，因此，该方法能实现不同比重物质之间的分离。

当少量溶液与沉淀的混合物不便于过滤时，可采用离心分离法。离心分离生物分子是最常用的生化分离方法。用到的设备主要为离心机和离心试管（图2-4）。

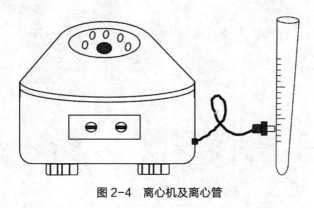

图2-4 离心机及离心管

离心分离流程及要领：

（1）离心机应置于平整稳定的台面上，并将少许棉花等柔性物质置于离心机管套底部，以防高速旋转时离心机受力不均及离心管破裂。

（2）将离心管呈对称状态置于离心套管中。只离心一支试管时，其对称位置应放一支装有等量水的离心试管。

（3）盖好离心机盖，将转速从0开始缓慢、逐步调大，在所需转速下设置离心预定时长。

（4）离心时间达到预定时长后，将转速缓慢、逐步调小，直到离心机自然停止转动。

（5）取出离心管，用长胶头滴管取上清液于干净容器中。

（6）加少许蒸馏水于离心试管中，手腕抖动试管，使沉淀与水混合，再次进行离心。重复2～3次离心后，可洗净沉淀。

四、常用体积容量仪器的使用

（一）移液管（吸量管）

移液管是用来准确移取一定体积溶液的量器，其只用来测量它所放出溶液的体积，为量出式仪器（图2-5）。它是一根中间有一膨大部分（俗称"大肚子"）的细长玻璃管，下端呈尖嘴状，上端管颈处所刻的标线是所取的准确体积标志。常用的移液管有5 mL、10 mL、25 mL、50 mL、75 mL等规格。

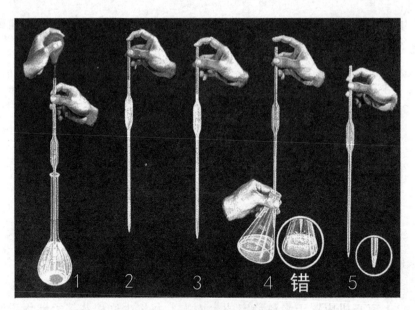

图2-5　移液管和吸量管使用方法

人们通常把具有刻度的直形玻璃管称为吸量管，常用的吸量管有1 mL、2 mL、5 mL、10 mL等规格。移液管和吸量管读数可精确到0.01 mL。

使用流程：一看（移液管标记、准确度等级、刻度标线位置等），二洗（蒸馏水洗涤3遍），三润洗（用待取溶液润洗3次），四移液。其中，移液的具体操作及要领如下。

（1）吸液：拿移液管时只用手指尖，不可用关节和手掌。右手拇指尖和后三指（即中指、无名指和小指）指尖捏住移液管上端，将管的尖下口插入想要移取的溶液中，一般深入液面1～2 cm（太浅很容易吸空，导致溶液吸入洗耳球，损失溶液，弄脏溶液，腐蚀洗耳球；太深则会使移液管外黏附过多的溶液）。左手将洗耳球接在管的上口，先把球中空气压出，然后慢慢松开使吸入管内，待溶液至标线以上约5 mm时，立即移除洗耳球并用右手食指按住管口。

（2）调节液面：向上提升移液管并同时拿起被吸走溶液的容器，保持吸液管流出的溶液流回其中，保持管身垂直，略微放松食指（有时可轻微转动吸管）使管内溶液从下口流出，直至管内溶液的弯月面底部与刻度线相切，立即用食指压紧管口。

（3）放出溶液：将承接溶液的容器如锥形瓶、容量瓶等倾斜45°，使移液管保持垂直，管下端紧靠锥形瓶内壁，松开食指，让溶液沿瓶壁慢慢流下，当液面降至移液管尖端时，接触瓶内壁约 10 ～ 15 s（或轻点 2 下）后，再将移液管移去。残留在管尖端内的少量溶液不用吹出，除非移液管上标有"吹"字，才要吹出。

（二）容量瓶

容量瓶一种细颈梨形平底容量器，带有磨口玻璃塞。容量瓶上标有温度、容量（50 mL、100 mL、250 mL、500 mL、1 000 mL 等规格）、刻度线和标线。其中，颈上标线表示特定温度下液体凹液面与容量瓶颈部标线相切时，溶液体积恰好与瓶上标注的体积相等。

使用流程：一检漏（检查磨口瓶塞是否漏液），二洗（蒸馏水洗涤 3 遍），三装液，四定容。具体操作及要领如下。

（1）检漏：容量瓶装入半瓶水，塞紧瓶塞，右手食指顶住瓶塞，左手五指托住容量瓶底部，将瓶倒立（瓶口朝下），观察容量瓶是否漏水。若不漏水，将瓶正立且将瓶塞旋转 180° 后，再次倒立，检查是否漏水，若两次操作后瓶塞周围皆不漏水，即表明容量瓶不漏水。

（2）洗涤及装溶液：为保证溶质能全部转移到容量瓶中，转移时须用溶剂多次洗涤烧杯，并把洗涤溶液全部转移至容量瓶中。此过程可用玻璃棒引流，也可用漏斗导流。加入适量溶剂后，振摇，进行初混。

（3）定容：向容量瓶内加入蒸馏水，当液面距刻度线 0.5 ～ 1 cm 时，改用滴管滴加，直至液体的弯月面与刻度线相切。若不慎超过刻度线，则需重新配制。再盖紧瓶塞，将容量瓶倒转 10 ～ 15 次，使瓶内液体混合均匀，然后静置。如果静置后发现液面低于刻度线，切不可向瓶内加水，以免降低配制的溶液浓度。

具体步骤如图 2-6 所示。

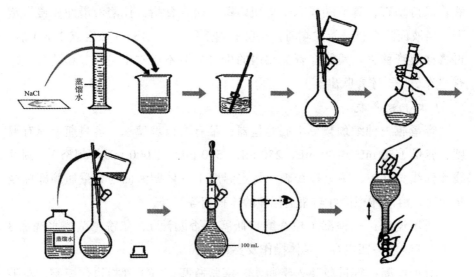

图 2-6 容量瓶的使用步骤

注意事项:

（1）容量瓶不可用毛刷刷洗。

（2）容量瓶只能装室温液体。

（3）容量瓶不可装有沉淀的溶液。

（4）倒转容量瓶混匀溶液时必须双手操作，即一只手托容量瓶的底部，另一只手以食指压住磨口玻璃塞。

（三）滴定管

滴定管是滴定分析中用到的主要量器，其主要有酸式滴定管和碱式滴定管两种。实验室常用的滴定管容积有 25 mL 和 50 mL 两种，其读数可精确到 0.01 mL。

酸式滴定管的下端为玻璃活塞，现在也有聚四氟乙烯活塞的。酸式滴定管可装入酸性或氧化性标准滴定溶液，但不能装入碱性滴定溶液。

碱式滴定管的下端连接一橡皮管，橡皮管内装一颗玻璃珠控制溶液流出，橡皮管下端接有一尖嘴玻璃管。碱式滴定管只盛放碱性溶液，凡是能与橡皮管发生反应的溶液，如高锰酸钾、碘等溶液，都不能装入碱式滴定管中。

两用滴定管。随着材料科学的发展，滴定管的制作也在发生改变。现在市面上有两用滴定管，类似酸式滴定管，只是活塞为耐酸耐碱材料。为了方便使用，滴定管上端做成喇叭形，易于向滴定管中倒入溶液。

滴定管的使用方法如图 2-7 所示。

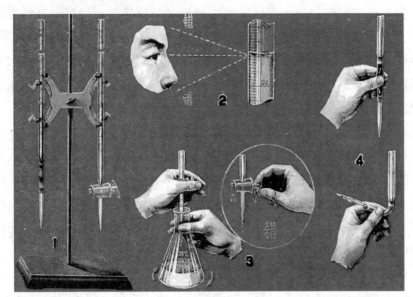

1—滴定管安装；2—正确的读数；3—酸式滴定管放液的手势；4—碱式滴定管放液及排空气的手势。

图 2-7 滴定管的使用方法

滴定管的使用遵循"两检、三洗、一排气，正确装液，注意手法，边滴边摇，一滴变色"的流程及原则，具体如下。

1. 两　检

一是检查滴定管管身是否破损，二是检查滴定管活塞或橡胶接口处是否漏水，酸式滴定管还要检查玻璃或聚四氟乙烯活塞旋转是否灵活。若旋转塞漏水及旋转不灵活，可在旋转塞上涂凡士林或真空脂。

2. 三　洗

滴定管在使用前必须洗净。

一洗：如果滴定管内壁沾有油脂性污物，可先用肥皂液、合成洗涤液或碳酸钠溶液润洗，再以自来水充分洗涤。

二洗：没有明显污染时，可直接用自来水冲洗。用蒸馏水（5 ~ 10 mL）漂洗 2 ~ 3 次。

三洗：用欲装入的标准溶液（每次 5 ~ 10 mL）润洗 2 ~ 3 次，以防残留的蒸馏水降低滴定溶液的浓度。

3. 标准溶液的装入

装入标准溶液之前先将试剂瓶中的标准溶液摇匀，把滴定管活塞完全关好。然后左手三指拿住滴定管上部无刻度处，使滴定管稍微倾斜以便接收溶液，右手拿住试剂瓶将溶液倒入滴定管。需要注意的是，小试剂瓶可手握瓶肚（标签向着手心），慢慢倒入；大试剂瓶可放在桌上，手拿瓶颈使瓶倾斜，让溶液慢慢倾入滴定管中，直到溶液面到达零刻度以上。

4. 排空气

标准溶液加入滴定管后，检查活塞下端或橡皮管内有无气泡。如有气泡，酸式滴定管可通过迅速转动活塞，使溶液急速流出，以排出空气泡；碱式滴定管需先将管倾斜，橡皮管向上弯曲，滴定管嘴向上，然后捏挤玻璃珠上部，使溶液从尖嘴处喷出，以排出空气泡。排出气泡后，将液面调至"0.00" mL 刻度，或"0.00" mL 刻度稍下处，并记下初读数。

5. 滴定管读数

以大拇指和食指拿滴定管上端无溶液处置于眼前，使滴定管自然下垂，并除去滴定管下端悬挂的液滴，视线与液面处于同一水平面，进行读数，精度为小数点后两位（即估计到 ±0.01 mL）。

滴定管装无色溶液或浅色溶液时，读取液面弯月面下缘最低点处；装深色溶液时，读取液面最上缘刻度。装好标准溶液或放出标准溶液后，须等待 1～2 min，待溶液完全从器壁上流下后再读数。

6. 滴定操作

酸式滴定管滴定：左手控制活塞，大拇指在前，食指和中指在后，手指略微弯曲，轻轻向内扣住活塞，注意手心不要顶住活塞，以免将活塞顶出，造成漏液。右手持锥形瓶，使瓶底向同一方向做圆周运动。

碱式滴定管滴定：左手拇指在前，食指在后，握住橡皮管中玻璃珠稍上处，向外侧捏挤橡皮管，使橡皮管和玻璃珠之间形成一条缝隙，溶液由此流出。

滴定时，滴定管下端伸入锥形瓶约 1 cm，滴定前期放液速度稍快，点滴成线，接近终点时改为逐滴滴加，最后控制半滴滴加（悬而未滴，在锥形瓶内壁将其沾落，洗瓶吹洗内壁），当锥形瓶中溶液发生颜色突变时即为滴定终点。

注意事项：

（1）滴定前应保证滴定管下端无气泡，滴定管用后须立即洗净。

（2）酸式滴定管不能装碱性溶液，以免玻璃磨口部分被腐蚀，碱式滴定管不能装对橡皮管有腐蚀性的溶液。

（3）标准溶液的装入不得借助其他仪器，如容量瓶中的标准溶液须用容量瓶直接倒入。

（4）滴定时，将标准溶液装至滴定管"0.00"mL 刻度或稍下，可减小滴定误差。

五、物质的加热、冷却、搅拌溶解、蒸发结晶（重结晶）

（一）加 热

化学实验中，经常需通过加热来促进物质溶解、加快反应速率或使反应平衡发生移动。加热方式有酒精灯加热、水浴加热、油浴加热以及沙浴加热等。

水浴加热是无机化学实验中使用最多的恒温加热方式。将水加入一个大容器中，再把要加热的容器放入加入水的容器中。加热盛水的大容器，以此把热量传递（热传递）给需要加热的容器，从而达到加热（100 ℃以内）的目的。

水浴加热的主要设备为恒温水浴锅，分为方形多孔水浴锅和圆形单孔水浴锅两种（图 2-8）。

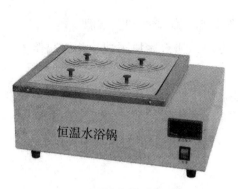

（a）方形多孔水浴锅

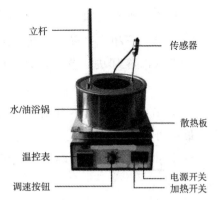

（b）圆形单孔水浴锅

图 2-8 方形多孔水浴锅及圆形单孔水浴锅

使用方法及注意事项如下。

（1）关闭放水阀门，水浴锅内注入清水（最好用纯水）至适当深度（一般不超过水浴锅容量的2/3），并确保温度传感器在锅内。

（2）在有接地保护的插座上接通电源。

（3）开启电源开关，调节调温控制按钮至设定温度。

（4）炉丝加热后，当温度上升到设定温度时，红灯熄灭，此后红灯不断熄亮，表示恒温控制器发生作用。

注意事项：

（1）锅内最好加去离子水或蒸馏水，以防水垢长时间包被加热管，导致加热管温度过高而发生损坏。

（2）切记水位始终高于电热管，以防电热管烧坏。

（3）应随时注意水箱是否有渗漏现象，以防漏电损坏。

（4）加热过程中不得离开。

油浴锅、沙浴锅的使用与水浴锅类似，但可提供的温度不同。油浴：室温～200 ℃；沙浴：室温～350 ℃。

（二）冷　却

冷却是基础化学实验中常用的基本操作。结晶析出、气体纯化等分离提纯以及某些有机化学反应，强放热反应体系过剩热量的排除，都离不开冷却。

冷却的主要方式如下。

（1）空气冷却法：置于空气中自然冷却，仅能冷却至室温。

（2）水浴冷却法：置于自来水中冷却，加入冰块形成冰浴，可降温至0 ℃。

（3）冰水浴冷却法：用碎冰与氯化钠按照一定比例混合制成的冷却体系，最低可冷却至-20 ℃。

注意事项：高温的玻璃、陶瓷容器不可用水浴法骤冷。

（三）搅拌溶解

实验中，常需通过搅拌使反应物混合均匀。无机化学实验室中常用的搅拌方式有玻璃棒搅拌、磁力搅拌及电动搅拌，具体如表2-4所示。

表2-4　三种搅拌方式

方　式	玻璃棒搅拌	磁力搅拌	电动搅拌
所用设备		磁子	
使用方法及注意事项	使用方法：一手拿烧杯，一手拿玻璃棒，用手腕的力量沿同一方向带动玻璃棒做圆周运动。注意事项：液体被带动起来产生漩涡且玻璃棒不能接触杯壁和杯底	使用方法：利用磁性物质同性相斥的特性，通过不断变换基座两端的极性来推动磁子转动，使样本均匀混合。注意事项：搅拌子需置于平底烧杯，并位于磁力盘中心；均匀调整搅拌速度，搅拌完毕先将速度调零再移走物料	使用方法：装好支架及搅拌棒。均匀调整搅拌速度，中速搅拌能减小振动。搅拌棒材质有玻璃、金属、聚四氟乙烯等三类，按需选取。注意事项：工作时如发现搅拌不稳，请关闭电源调整支架夹头

（四）蒸发结晶（重结晶）

加热蒸发溶剂，溶液由不饱和变为饱和后，过剩的溶质呈晶体析出，这一过程叫蒸发结晶。该过程在蒸发皿中进行，原因是蒸发皿表面积较大，有利于快速蒸发溶剂（图2-9）。由于各物质在溶剂中的溶解度随温度的变化不同，不同浓缩程度会析出不同物种，从而达到物质分离的目的。

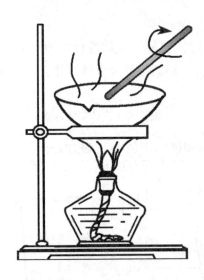

图2-9　蒸发结晶

蒸发结晶的主要流程：

（1）安装好装置，调节蒸发皿高度，以便利用酒精灯外焰加热。

（2）将待蒸发溶液加至蒸发皿中，液体不能超过蒸发皿容积的2/3。

（3）加热蒸发时须用玻璃棒不断搅拌。

（4）蒸发至溶液快干或出现晶膜（或成糊状）时停止加热，利用余热蒸干剩余水分。

（5）用坩埚钳取下蒸发皿并置于石棉网上，然后抽滤，若条件允许可用无水乙醇冲洗，最后收集固体。

如需要提高产品纯度，可将所得固体溶解后再次蒸发结晶。该过程称为重结晶，重结晶可重复多次。

六、小型测量仪器的使用

（一）酸度计

1. 酸度计（pH计）的组成及原理

酸度计（图2-10）由1个参比电极、1个玻璃电极和1个电流计组成。

（1）参比电极：维持恒定电位，是测量各种偏离电位的对照。目前最常用的参比电极为银-氧化银电极。

（2）玻璃电极：对测量溶液的氢离子活度发生变化做出反应形成的电

位差。其电位取决于周围溶液的 pH。将参比电极和对 pH 敏感的电极放入同一溶液中，可组成一个原电池。

（3）电流计：电池电位随待测溶液的 pH 变化而变化。将原电池电位放大若干倍，放大的信号通过表盘或显示屏显示出来。pH 电流表的表盘刻有相应的 pH 数值，而数字式 pH 计直接将 pH 呈现在显示屏上。

图 2-10 酸度计

玻璃电极的头部球泡是由特殊材质的玻璃薄膜制成的，仅对氢离子敏感。当其进入被测溶液时，溶液中的氢离子与电极球泡表面水化层发生离子交换，形成一电位球泡内层，从而使球泡内外产生一电位差。此电位差随外层氢离子浓度的变化而改变。由于电极内部溶液的氢离子浓度不变，测出此电位差即可知被测溶液的 pH。

2. 酸度计（pH 计）的使用方法（以雷磁 pHs-3C 酸度计为例）

（1）开机。接通电源后，按下电源开关，预热 30 min。

（2）校准。仪器使用前，须先校准。若连续使用仪器，通常不需要每天都校准。

① 在测量电极插座处拔下短路保护插头，并插上测量复合电极。

② 将功能选择开关按至 pH 档，此时仪器显示 pH 数值。

③ 将测量电极浸入溶液，按"温度"上下键，将温度调至溶液温度值。

④ 将清洗过并用擦镜纸擦干的电极插入 pH=6.86 的标准缓冲溶液中，稍等片刻，直至数值显示稳定。

⑤ 按"定位"上下键，再按一下确认键，使仪器显示的读数与该缓冲溶液的 pH 一致（pH=6.86），一般会自动显示为 6.96，也可手动调至此值。

⑥ 用蒸馏水清洗电极并用擦镜纸擦干，将电极插入 pH = 4.00 的标准缓冲溶液中，调节"斜率"上下键使 pH = 4.00。

注意：校准的标准缓冲溶液用 pH = 6.86 的溶液"定位"；调整"斜率"时，缓冲溶液的 pH 应接近被测溶液，如被测溶液为酸性，缓冲溶液应选 pH = 4.00 的缓冲溶液；若被测溶液为碱性，则选 pH = 9.18 的缓冲溶液。

（3）测量待测溶液的 pH。校准后的仪器测量被测溶液时，被测溶液应与校准溶液处于相同的温度条件。

测量步骤如下：

① 用蒸馏水清洗电极头部，再用滤纸或擦镜纸擦干水。

② 将电极浸入被测溶液中，搅拌溶液使其混合均匀，待显示屏数值稳定后读取溶液 pH。

③ 用蒸馏水清洗电极头部，并用擦镜纸擦干水，测量下一个溶液。

④ 测量结束后，将电极泡于 3 mol/L 的 KCl 溶液中或及时套上装有少量 3 mol/L 的 KCl 溶液的保护套中。

⑤ 当被测溶液和校准溶液温度不同时，用温度计测出被测溶液的温度，按"温度"调节按键，调整到溶液的温度，再测定该溶液的 pH。

3. 酸度计使用注意事项

（1）一般来说，经过校准的仪器可连续使用一周或更长时间，遇到以下情况需重新校准：长期未用、新换电极、测量高浓度酸或碱后、测量过含氟溶液及高浓度有机溶液后、被测溶液与标定溶液的温度相差太大等。

（2）未使用时，电极头须浸泡于电极浸泡溶液（饱和氯化钾）中，以保持玻璃球泡和液接界的活化。

（3）仪器须保持清洁、干燥，电极、电极插口须保持高度清洁和干燥，否则会导致测量失准或失效。如有沾污，可用医用棉花和无水酒精揩净并吹干。

（4）复合电极前端的玻璃球泡十分敏感，不能与硬物接触，任何破损和擦毛都将使电极失效。因此，测量前后应用纯水清洗电极，再用擦镜纸轻轻擦干。

（5）电极长时间使用后或电解液干涸时，需摘掉电极保护胶帽，加入新电解液直至充液面。参考电解液为 4 mol/L 的 KCl 溶液。

（6）测定黏稠性试样后，需用大量纯水多次冲洗电极，除去沾在玻璃膜上的试样；也可选用适宜的溶剂进行清洗，再用纯水洗去溶剂。

（7）一个系列溶液的测试，可按酸度（或碱度）由低到高进行，期间电极可不洗。

（二）电导率仪

1. 电导率概念

电导率表示的是物质导电的性能，电导率越大，导电性能越强，反之越小。水导电是通过离子的运动实现的，水中离子浓度越大，导电性越强，水的纯净度也越低。因此，通常用电导率来表示水的纯净度。

2. 电导率的单位

电导的单位为西门子（符号 S）。电导率的国际单位为西门子/米，其他常用单位有：S/cm，μS/cm，其中，1 S =1 000 mS，1 mS =1 000 μS。因为电导率受电导池几何形状的影响，所以标准测量中的电导率用单位 S/cm 表示，以补偿不同电极尺寸造成的差别。简单地说，电导率（σ）是所测电导（G）与电导池常数（L/A）的乘积：

$$\sigma = G \cdot \left(\frac{L}{A} \right) \tag{2-8}$$

式中：L 为两块极板之间的液柱长度；A 为极板面积。

3. 电导率的测量原理

引起离子在被测溶液中运动的电场是由与溶液直接接触的两个电极产生的。该对测量电极由抗化学腐蚀材料（如钛）制成，其组成的测量电极称为科尔劳施（Kohlrausch）电极。

要想计算电导率就必须测出两方面的数据：溶液的电导、溶液中 L/A 的几何关系。电导可通过测量电流、电压得到。

$$K=L/A \tag{2-9}$$

式中：K 为电极常数。

若电极间存在均匀电场，电极常数可以通过几何尺寸算出。当两个面积为 1 cm² 的方形极板之间相隔 1 cm 组成对电极时，电极常数 $K=1$ cm⁻¹。如果用此对电极测得电导 $G=1\ 000\ \mu$S，则被测溶液的电导率 $\sigma =1\ 000\ \mu$S/cm。

此时，电极常数须用标准溶液进行确定。标准溶液通常为 KCl 溶液，原因是 KCl 的电导率在不同温度和浓度下非常稳定、准确。

4. 电导率仪的使用方法

（1）预热：连接温度电极及电导电极，接通电源，打开电源开关，预热 30 min。

（2）设置：根据所选电极（0.01、0.1、1.0 和 10 四种类型）按"电极常数"键设置电极常数，并确认；再按"常数调节"键调节常数数值，并确认。

（3）测量：先后用蒸馏水、待测溶液清洗电极头部，再将电极浸入待测液中，用玻棒将溶液搅拌均匀，最后读取显示屏上的电导率值。

（三）分光光度计

分光光度计又称光谱仪（spectrometer），是将成分复杂的光，分解为光谱线的科学仪器。测量范围一般为波长为 380 ～ 780 nm 的可见光区和 200 ～ 380 nm 的紫外光区。不同光源具有特有的发射光谱，因此可采用不同的发光体作为仪器的光源。

1. 分光光度计分析原理

采用一个可产生多个波长的光源，通过系列分光装置，产生特定波长的光源，光线透过测试样品后，部分光线被吸收，计算样品的吸光值，并将其转化成样品的浓度。单色光辐射穿过被测物质溶液时，被该物质吸收的量与该物质的浓度和液层的厚度（光路长度）成正比，其关系如式（2-10）：

$$A = -\lg \frac{I}{I_0} = -\lg T = kdc \qquad (2\text{-}10)$$

式中：A 为吸光度；I_0 为入射的单色光强度；I 为透射的单色光强度；T 为物质透射率；k 为摩尔吸收系数；d 为被分析物质的光程，即比色皿边长；c 为物质浓度。

物质对光的选择性吸收，以及相应的吸收系数是物质的本质特性。已知某纯物质在一定条件下的吸收系数，在同样条件下将该待测样品配成溶液，测定其吸收度，即可由上式计算出待测样品中该物质的含量。在可见光区，只有部分物质吸收光，因此需在一定条件下加入显色试剂或经过处理使其显色，产生显著吸收后才能进行测定。

2. 分光光度计操作方法（以 721 分光度计为例）

（1）接通电源，打开仪器开关，掀开样品室暗箱盖，预热 10 min。

（2）调节波长旋钮键至需要的波长位置。

（3）将空白液及测定液分别倒入比色皿 3/4 处，用擦镜纸擦清外壁并放入样品室的比色槽内，使空白管对准光路。

（4）按"MODE"键切换到"T"挡，打开样品室盖，按"▼/0%"键校零；再按"MODE"键切换到"Abs"挡，将参比液放入光路中，合上盖，按"▲/100%"键调零。

（5）拉动拉杆使样品逐一处于光路中，测定其吸光度，做好记录。测完整槽样后，将空白管以外的其他比色皿换上新的待测溶液，并使空白管对准光路，按"▲/100%"键调零，然后再次拉动拉杆使样品逐一处于光路中，测定其吸光度，做好记录，如此重复直至将一系列溶液测完。

（6）比色完毕后关上电源，取出比色皿洗净，用软布或软纸擦净样品室。

3. 注意事项

（1）仪器应置于干燥房间，使用时应放置在坚固平稳的工作台上，室内照明不宜太强。

（2）未接通电源之前，应对仪器的安全性能进行检查，电源接线应牢固，通电应良好，各个调节旋钮的起始位置应该正确，然后再按下电源开关。

（3）样品室盖子应轻开轻关，防止设备振动，拉杆应小力拉动，防止溶液溢出。

第三章 综合及设计性实验

实验一 仪器的认领、洗涤及干燥

一、实验目的

（1）熟悉实验室规则及要求。

（2）熟悉化学实验常用的仪器的名称、规格、用途、使用方法及注意事项。

（3）学会常用玻璃仪器的洗涤及干燥方法。

二、实验原理

（一）玻璃仪器的洗涤方法

化学实验中要用到多种仪器，仪器的洁净度直接影响着实验结果的准确性。因此，实验前后必须将实验仪器清洗干净。特别是久置后易变硬而不易清洗的实验残渣，以及对玻璃具有腐蚀性的废液，实验后须立刻洗涤干净。常用的洗涤方法及操作如下。

（1）振荡水洗：向待洗仪器中加入约 1/3 的水，稍用力振荡后将水倒掉，重复几次。

（2）毛刷刷洗：如需洗涤的仪器内壁黏附有难以用水直接冲洗掉的物质，采用毛刷刷洗。

① 倒出仪器内的废液。

② 向仪器中加入约 1/3 的水。

③ 选择合适大小和软度的毛刷放入仪器中来回柔力刷洗，切记不可太过用力，以防戳破容器。

④ 刷洗后，先振荡水洗数次，再用蒸馏水清洗 3 次。

（3）药剂洗涤法（又名"对症下药法"）：无法用水洗净的污垢（如油污、一些有机物等），须根据污垢性质选用适当的洗液，利用化学方法将其去除。

① 合成洗涤剂刷洗。由碳酸钠、细沙、白土混合而成的去污粉和主要成分为非离子表面活性剂的餐具洗涤灵都具有较好的去污能力。碳酸钠的碱性去污能力强，再加上细沙的摩擦及白土的吸附作用，增强了去污粉清洁仪器的效果。日用洗涤剂为中性洗液，可兑水后直接使用，也可用洗衣粉兑水使用。提高水温可提高洗涤剂的去污能力，还可以采用浸泡洗的方法。其操作流程如下：润湿（待洗仪器）→加洗涤剂→（毛刷）刷洗→（自来水）冲洗→（蒸馏水）精洗。

② 铬酸洗液。铬酸洗液具有强氧化性和酸性，能强力去除油垢和有机物。

洗涤具体操作：先用水冲洗仪器，倒尽残留水后保持干燥，以防洗液被稀释。再向仪器中添加少许洗液并转动仪器，使洗液浸润仪器内壁。最后将洗液倒回原瓶并密闭，并先后用自来水、蒸馏水冲洗仪器内壁，直至洗净。

注意：洗涤时切忌用毛刷刷洗，必要时可采用洗液浸泡。

③ 氢氧化钠/乙醇溶液。氢氧化钠/乙醇溶液适用于黏附有机物的玻璃仪器的洗涤。该洗液对皮肤、衣服、桌面等具有腐蚀性，使用时须特别小心。

④ 碱性高锰酸钾洗液。碱性高锰酸钾洗液适用于黏附油污、有机物的玻璃仪器洗涤。

配法：将 4 g 高锰酸钾溶于少量水中，再加入 10 g 氢氧化钠，最后加水至 100 mL。

用法：先用洗液浸润或浸泡仪器内壁。倒出洗液后，用盐酸洗去器壁上的二氧化锰棕色污迹。最后用自来水、蒸馏水冲洗干净。

⑤ 其他对症洗涤法。对症洗涤法是指根据玻璃仪器附着物质的性质，采用具有针对性的洗涤法。例如，硫黄用煮沸的石灰水；难溶硫化物用

HNO$_3$/HCl；铜或银用 HNO$_3$；AgCl 用氨水；煤焦油用浓碱；黏稠焦油状有机物用回收的溶剂浸泡；MnO$_2$ 用热浓盐酸浸泡等。

（4）超声波洗涤法。超声波洗涤法是指用超声波的能量和振动来洗涤。

用法：倒出玻璃仪器中的废液，在超声波清洗器中加入适量合适的洗涤剂溶液，并放入待洗仪器。接通电源，设定清洗时间。最后倒出洗涤剂，并用自来水、蒸馏水（或去离子水）将仪器冲洗干净。

注意：洗涤时，刷洗后的仪器都需先用自来水冲洗干净，再用蒸馏水或去离子水冲洗 3 次。蒸馏水的使用须遵循"少量多次"原则。光学玻璃仪器，如光度分析时用到的比色皿等，可用 HCl/乙醇润洗或浸泡，切忌用毛刷刷洗。洗涤剂可重复使用，用后须倒回原瓶并密封。

（二）仪器洗涤干净的标准

用自来水冲洗后，仪器内壁应不挂水珠、只有一层均匀薄水膜，视觉上透明、清洁。若壁上挂有水珠，表明未洗净，须重洗。最后再用蒸馏水或去离子水荡洗 3 次。

（三）玻璃仪器的干燥方法

（1）晾干法：仪器洗净后倒置，控去水分，自然晾干。该法适用于带刻度的容量仪器。

（2）烤干法：将仪器外壁擦干后用酒精灯烤干（用外焰，并不停地转动仪器，使其受热均匀）。该法适用于可加热或耐高温的仪器，如试管、烧杯等。

（3）干燥箱烘干：将待烘干的仪器水倒净，放在金属托盘上在电烘箱中于 105 ℃烘半小时，此法不适用于精密度高的容量仪器。

（4）气流烘干：将洗涤好的玻璃仪器倒置在加热风管上，开启电源，调节温控旋钮至适当位置，一般干燥 5 ～ 10 min 即可。

（5）吹干法：电吹风吹干（也可以用少量乙醇润洗后再吹干）。

（6）有机溶剂法：先用少量丙酮或无水乙醇使仪器内壁均匀润湿后倒出，再用乙醚使仪器内壁均匀润湿后倒出。最后依次用电吹风的冷风和热风吹干，此种方法又称为快干法。

三、实验用品

仪器：烧杯、试管、量筒、表面皿、抽滤瓶、容量瓶、烧瓶、漏斗、布氏漏斗等。

材料：试管刷、蒸馏水、洗洁精等。

四、实验步骤

（一）认领仪器

结合表 3-1 无机化学实验常用仪器一览表，按仪器清单逐个认领实验常用仪器。

表3-1　无机化学实验常用仪器一览表

仪　器	规　格	主要用途	使用方法及注意事项
烧杯	有刻度，规格以容量（mL）表示，有50、100、200、250、500、1 000 mL 等	用作较大量反应物的反应容器，也用作配制溶液时的容器或简易水浴的盛水器	加热时应置于石棉网上，使受热均匀；刚加热后不能直接置于桌面上，应垫以石棉网
普通试管　离心试管	无刻度的普通试管以管口外径（mm）×管长（mm）表示。离心试管以容量（mL）表示	用作少量试剂的反应容器，便于操作和观察。也可用于少量气体的收集；离心试管主要用于分离沉淀	普通试管可直接用火加热。硬质试管可加热至高温。加热时应用试管夹夹持；加热后不能骤冷；离心试管只能用水浴加热

续表

仪 器	规 格	主要用途	使用方法及注意事项
平底烧瓶　圆底烧瓶 蒸馏烧瓶	规格以容量（mL）表示，有普通型和标准磨口型之分。磨口的还以磨口标号表示其口径大小，如10、14、19 mL 等	用于液体蒸馏，也可用作少量气体的发生装置。反应物较多，且需长时间加热时常用它作为反应容器	加热时应放置在石棉网上。竖放桌面上时，应垫以合适器具，以防滚动而打破
锥形瓶	规格以容量（mL）表示，有100、250、500 mL 等	反应容器，振荡方便，适用于滴定操作	盛液不能太多，避免振荡溅出。加热时应垫石棉网或水浴加热
碘量瓶	瓶塞、瓶颈部为磨砂玻璃。规格以容量（mL）表示	主要用作碘的定量反应的容器	瓶塞与瓶配套使用

仪　器	规　格	主要用途	使用方法及注意事项
滴瓶	带磨口塞或滴管，有无色和棕色之分。规格以容量（mL）表示	用于盛放液体试剂或溶液，便于取用	棕色瓶中放见光易分解的物质。滴管不能吸得太满，也不能横置或倒置；滴管专管专用
广口瓶	有无色、棕色之分，有磨口带塞、无磨口之分。规格以容量（mL）表示	贮存固体试剂；集气瓶用于收集气体	不能直接加热，不能放碱性物质；收集气体后要用毛玻璃片盖上
细口瓶	有无色、棕色之分，有磨口带塞、普通口之分。规格以容量（mL）表示	贮存溶液或液体药品	不能直接加热，不能放碱性物质。盛放碱液应用胶塞。有色瓶盛放见光易分解或不太稳定的物质

续　表

仪　器	规　格	主要用途	使用方法及注意事项
量筒　量杯	规格以容量（mL）表示	用于量取一定体积的液体	应竖放在桌面上，读数时视线应和液面水平，读取与弯月面底相切的刻度；不可加热，不可做溶解、稀释的容器
称量瓶	分高型、矮型两种；规格以容量（mL）表示	准确称取一定量固体药品，常置于干燥器中	不可加热；盖子是磨口配套的，不得丢失；不用时洗净，在磨口处垫上纸片
移液管 吸量管	分"吹"和"不吹"两种；规格以容量（mL）表示，有1、2、5、10、25、50 mL等	用于精确移取一定量体积的溶液	不可加热；取液前需用蒸馏水洗、待取液润洗3次；带"吹"的才需将尖嘴处残留的一滴液体吹出

续 表

仪 器	规 格	主要用途	使用方法及注意事项
容量瓶	有无色、棕色之分。规格以容量（mL）表示，如 50、100、250、500 mL 等。也有塑料塞	用于准确配制一定体积的溶液	不可装热液，不可装有沉淀的液体；不可长久放置溶液
酸式滴定管 碱式滴定管	规格以容量（mL）表示，如 25、50 mL 等	滴定时用，或用于量取准确体积的液体	取液前需用蒸馏水洗、待取液润洗3次；酸式、碱式不可调换使用
漏斗	玻璃质或搪瓷质。分长颈、短颈两种。规格以斗径(mm)表示，如 30、40、60 mm 等	用于过滤液体，倾注液体	不可直接加热；过滤时漏斗颈尖端必须紧靠承接滤液的容器的器壁

续　表

仪　器	规　格	主要用途	使用方法及注意事项
分液漏斗	有球形、梨形、筒形等多种。规格以容量（mL）表示，如50、100、250 mL等	用于互不相溶的液-液分离；气体发生装置中加料用	塞上涂一层凡士林防止漏液。分液时，上层液从上口倒出，下层液从下口放出
抽滤瓶　布氏漏斗	瓷质，两者配套使用	用于无机制备中溶液的减压过滤	不可直接加热；滤纸要略小于漏斗内径。先开抽气管，后过滤
玻璃砂芯漏斗	漏斗为砂芯，滤板为烧结陶瓷。其规格以砂芯板孔的平均孔径（μm）和漏斗的容积（mL）表示	用作细颗粒沉淀以至细菌的分离，也可用于气体洗涤和扩散实验	不能用于含氢氟酸、浓碱液及活性炭等物质体系的分离，避免腐蚀而造成微孔堵塞或沾污；不能用火直接加热；用后应及时洗涤

续 表

仪 器	规 格	主要用途	使用方法及注意事项
干燥器	底部装有干燥剂	用于存放易吸潮，易吸 CO_2 的物质，用于热物质冷却至室温	盖子与主体之间应涂上凡士林，以增加气密性和滑动性；开盖时左手扶着主体，右手拿盖子颈往前推。盖子倒放桌面上
表面皿	规格按直径（mm）分，有 45、65、75、90 mm 等	盖在烧杯上，防止液体迸溅	不可直接用火加热
蒸发皿	陶瓷质，有平底和圆底之分	用作蒸发浓缩	不可骤冷
坩埚	瓷质、石墨质、铁质、镍质 等；规格按容量（mL）分，有 10、20、50 mL 等	强热、煅烧固体用	不同性质的物质用不同质的坩埚。加热完后取下置于石棉网上

续　表

仪　器	规　格	主要用途	使用方法及注意事项
铁架台	铁制品，夹子有多种材质。下面的台子底盘有圆形、方形等	用于固定或放置反应容器	仪器固定在铁架台上时，仪器和铁架的重心应落在铁架台底盘中部
泥三角	由铁丝扭成，套有瓷管	灼烧坩埚时放置坩埚	使用前检查铁丝是否断裂
药匙	有牛角、瓷、塑料、不锈钢等材质	用于拿取固体药品	取用一种药品后需洗净擦干才用于另一药品的取用
石棉网	由铁丝编成，中间涂有石棉	能使受热物体均匀受热	不可与水接触，不可弯折

仪　器	规　格	主要用途	使用方法及注意事项
燃烧匙	匙头为铜质	检验可燃性，进行固气燃烧反应	放入集气瓶时应由上而下慢慢放入，不可触及瓶壁；用完立即洗净匙头并干燥
三脚架	铁制品，有大小高低之分，比较稳定牢固	放置较大或较重的加热容器	下面加热灯焰的位置需合适
试管夹	一般为木制，也有竹制	夹持试管	夹在试管上端 3/4 处，从试管底部套上和取下
坩埚钳	铁制品，有大小、长短之分	夹持坩埚加热、往高温的马弗炉中放入和取出坩埚	使用时需洗净，用后应使尖端朝上平放于实验台上

续 表

仪　器	规　格	主要用途	使用方法及注意事项
研钵	瓷质、玻璃质、玛瑙制品，有不同大小之分	研碎固体物质，固体物质的混匀	大块的物质只能压碎，不可用其敲击，放入量不宜超过研钵容积的1/3
点滴板	透明玻璃质、瓷质，按凹穴的多少分为四穴、六穴、十二穴等	用作同时进行多个不需分离的少量沉淀反应的容器	不能加热，不能用于含氢氟酸溶液和浓碱液的反应
漏斗架	木制品，有螺丝可固定于木架上，调整高度	过滤时承接漏斗	固定漏斗架时不要倒放

（二）洗涤仪器

将领取的仪器洗涤干净，并合理地放于柜内。

（三）燥仪器

选用适宜的干燥方法对洗涤好的仪器进行干燥。

（四）实验报告

参照仪器清单画出所领仪器的简笔图，列出其规格、主要用途、使用方法和注意事项等。

五、注意事项

（1）口小、管细的仪器，不宜用刷子刷洗，可用少量王水或铬酸洗液洗涤。

（2）量器不可以加热，以免影响仪器精度。

（3）洗涤用水应遵循"少量多次"原则。

（4）洗净的仪器，无须用布或软纸擦拭，以防布或纸上的纤维沾污仪器。

（5）不可同时刷洗多个仪器，以免破损。

六、思考题

（1）选用烤干法干燥试管时，开始管口为什么要略向下倾斜？

（2）容量仪器应选用哪种干燥方法？为什么？

（3）玻璃仪器洗涤干净的标志是什么？

实验二　溶液的配制

一、实验目的

（1）学会移液管、容量瓶、电子分析天平的使用方法。

（2）掌握溶液浓度的表示方法及一般溶液的配制方法。

（3）了解特殊溶液的配制方法。

二、实验原理

根据实验对溶液浓度精确性的不同进行划分，溶液配制有粗略配制和准确配制两种。粗略配制适用于产品制备、定性检验等对溶液浓度准确性要求不高的实验，常用的仪器有普通天平、刻度烧杯、量筒等。准确配制适用于定量分析、光谱测定等对溶液浓度准确性要求较高的实验，常用设备有分析天平、容量瓶、移液管等。准确配制溶液时需用到基准物质，其组成、化学式必须完全符合高纯物质，其摩尔质量较大，且在保存及称量过程中，其组成和质量稳定不变。

　　配制溶液时需考虑试剂的溶解性、挥发性、热稳定性及水解性等方面的影响。对于易水解的物质，配制溶液时需先用相应的酸溶解，再加水稀释；对于配置易被氧化的物质的溶液，配置时还需加入相应还原剂以防止氧化，前提是不带入杂质。

　　进行溶液配制前，先要根据所需溶液的体积及浓度，计算出所需试剂的用量（固体试剂的质量或液体试剂的体积）。

（一）固体试剂配制溶液

1.有关计算

（1）质量分数：

$$\omega = \frac{m_{溶质}}{m_{溶液}} \qquad (3-1)$$

$$m_{溶质} = \frac{\omega \cdot m_{溶剂}}{1-\omega} = \frac{\omega \cdot \rho_{溶剂} \cdot V_{溶剂}}{1-\omega} \qquad (3-2)$$

　　式中：$m_{溶质}$ 为固体试剂的质量；ω 为溶质质量分数；$\rho_{溶剂}$ 为溶剂的密度，3.98 ℃时，对于水，$\rho = 1.000\,0\,\text{g}/\text{mL}$；$V_{溶剂}$ 为溶剂体积；$m_{溶剂}$ 为溶剂质量。

（2）质量摩尔浓度：

$$m_{溶质} = \frac{M \cdot b \cdot m_{溶剂}}{1000} = \frac{M \cdot b \cdot \rho_{溶剂} \cdot V_{溶剂}}{1000} \qquad (3-3)$$

　　式中：b 为质量摩尔浓度，单位为 mol/kg；M 为固体试剂摩尔质量，单位为 g/mol。

（其他符号说明同前）

（3）物质的量浓度：

$$m_{溶质} = c \cdot V \cdot M \qquad (3-4)$$

　　式中：c 为物质的量浓度，单位为 mol/L；V 为浓液体积，单位为 L。

（其他符号说明同前）

2.配制方法

（1）粗略配制。根据计算好的固体物质的质量，用普通天平（台秤）称取固体试剂，转入带刻度的烧杯中，再加入少量蒸馏水搅拌，待固体全部溶解后，用蒸馏水稀释至所需刻度（定容），将溶液移入试剂瓶中，贴好标签。

（2）准确配制。根据已计算好的所需的体积和质量，准确移取或分析天平称取所需的固体试剂，称取固体转入烧杯（移取的液体直接转入容量瓶），再加适量水溶解后转入容量瓶，用去离子水加至刻度线（定容），颠倒容量瓶混匀后移入试剂瓶，贴好标签。

（二）液体（或浓溶液）试剂配制溶液

1. 有关计算

（1）体积比溶液：

$$体积比 = 液体试剂（浓溶液）体积 / 溶剂体积 \qquad (3-5)$$

（2）质量分数浓度。利用两种已知浓度的溶液配制所需浓度的溶液：先画一个对角线交叉的四边形，把所需浓度放在交叉点上；再将已知较高的溶液浓度值写在左上角，已知较低的溶液浓度值写在左下角（若为溶剂，浓度为 0）；最后将两个已知浓度值与对角线上的数字相减，其差额对应写在同一直线的另一端（右上、右下），即得出所需的已知浓度溶液的份数。例如，由 80% 和 40% 的溶液（或 80% 的溶液和纯水）配制 55% 的溶液：

需取用 15 份 80% 的溶液和 25 份 40% 的溶液（或 55 份 80% 的浓溶液和 25 份纯水）混合。

（3）物质的量浓度：

$$V_{原} = \frac{c_{新} V_{新}}{c_{原}} \qquad (3-6)$$

式中：$c_{新}$ 为稀释后溶液的物质的量浓度；$V_{新}$ 为稀释后溶液体积；$c_{原}$ 为原溶液的物质的量浓度；$V_{原}$ 为取原溶液的体积。

若由已知质量分数溶液配制，则有

$$c_{原} = \frac{\rho \cdot x}{M} \times 1\,000 \qquad (3-7)$$

式中：M 为溶质的摩尔质量；ρ 为液体试剂（或浓溶液）的密度。

2. 配制方法

（1）粗略配制。先算出配制特定浓度溶液所需的液体（或浓溶液）的体积，然后用量筒量取所需浓溶液液体的体积置于有少量水的刻度烧杯中；再将其混合并定容（若有放热现象，需冷却至室温后再定容）；混匀后转入试剂瓶，贴好标签备用。

（2）准确配制。用较浓且具有准确浓度的溶液配制较稀的准确浓度溶液：先计算，然后用移液管移取所需溶液至特定体积的容量瓶中；再加入蒸馏水至标线处；摇匀后倒入试剂瓶中，贴好标签备用。

三、实验仪器与试剂

仪器：烧杯（50 mL、100 mL、250 mL）、容量瓶（50 mL、100 mL）、量筒（10 mL、50 mL）、移液管（5 mL 或分刻度）、试剂瓶、普通天平（台秤）、分析天平。

试剂：固体药品和液体药品。其中，固体药品有 $CuSO_4 \cdot 5H_2O$、Na_2CO_3（AR）、$SnCl_2 \cdot H_2O$、锡粒；液体药品有浓硫酸、醋酸（2.00 mol/L）、浓盐酸。

四、实验步骤

（一）粗略配制 50 mL 1 mol/L 的 $CuSO_4$ 溶液

先用台秤称取一定量的 $CuSO_4 \cdot 5H_2O$ 晶体至 100 mL刻度烧杯中；然后加入少量去离子水，加热搅拌使其完全溶解；待其冷却后，再用水稀释至刻度（定容）；最后倒入试剂瓶中，贴好标签。

（二）准确配制 50 mL 0.1 mol/L 的 Na_2CO_3 溶液

先用电子分析天平称取一定量的无水碳酸钠（精度为 0.000 1 g）至小烧杯中；然后加入少量去离子水溶解；待其冷却后，再转入 50 mL 容量瓶中，并用去离子水少量多次洗涤烧杯，将洗液转入容量瓶中，定容，摇匀；最后倒入试剂瓶中，贴好标签。计算Na_2CO_3溶液的准确浓度。

（三）粗略配制 50 mL 3 mol/L 的H_2SO_4溶液

先将 40 mL 去离子水注入 250 mL 烧杯中备用；然后量取一定体积的浓硫酸，使其沿烧杯内壁缓慢流下；用玻璃棒缓慢搅拌至冷却后，再加入去离子水至 50 mL；最后倒入试剂瓶中，贴好标签。

（四）准确配制 100 mL 0.1 mol/L 的 HAc 溶液

先用移液管吸取一定体积的 2 mol/L 的 HAc 溶液至 100 mL 的容量瓶中；再加入去离子水定容，摇匀；最后倒入试剂瓶中，贴好标签。

（五）粗略配制 100 mL 10% 的 NaOH 溶液

先用 250 mL 烧杯作为容器，于台秤上称取一定量的 NaOH；然后加入一定体积的去离子水溶解并定容；最后倒入试剂瓶中，贴好标签。

（六）粗略配制 50 mL 4.5% 的 NaOH 溶液

先按需量取经粗略配制的 10% NaOH 的溶液至 100 mL 烧杯中；再加入一定体积的去离子水溶解并定容；最后倒入试剂瓶中，贴好标签。

（七）粗略配制 100 mL 1：9 的H_2SO_4溶液

先将一定体积的去离子水注入 250 mL 烧杯中备用；然后量取 10 mL 浓硫酸，使其沿烧杯内壁缓慢流下，并用玻璃棒缓慢搅拌至冷却；最后倒入试剂瓶中，贴好标签。

五、注意事项

（1）澄清无沉淀且温度为室温的溶液才能转至容量瓶中。

（2）移液管（吸量管）的读数精度为 0.01 mL。不可将其烘干，不能用于移取太热或太冷的溶液，同一支移液管不能移取多种溶液。使用过的移液管应及时用自来水和蒸馏水洗净，并置于移液管架上。

（3）分析天平的使用及减量称量法需参照"物质的称量"（第二部分内容）进行。

六、思考题

（1）进行溶液的准确配置时，需要事先将容量瓶干燥吗？需要用被稀释溶液润洗容量瓶 3 遍吗？为什么？

（2）说出移液管的洗涤方法。为什么洗净的移液管在使用前还需用被稀释溶液润洗？

（3）某同学配制 $CuSO_4$ 溶液时，用分析天平称取 $CuSO_4$ 晶体，并用量筒取水配成溶液，此操作对否？为什么？

实验三　物质的分离与提纯

一、实验目的

（1）熟悉物质提纯的一般过程及其基本原理。

（2）学会常压过滤、减压过滤及蒸发、结晶等基本操作。

（3）了解采用目视比色法进行含量分析的原理和方法。

二、实验原理

化学工业中，经常需要对物质进行除杂和提纯，我们可根据不同杂质的性质采用不同的分离方法。例如，粗盐中常含有 K^+、Mg^{2+}、Ca^{2+}、Fe^{3+}、CO_3^{2-}、SO_4^{2-} 等可溶性离子杂质和不溶性杂质（如泥沙）。可溶性杂质可通过加入适当的化学试剂去除，不溶性杂质可通过溶解、过滤方法去除。

去除粗盐中可溶性杂质（Mg^{2+}、Ca^{2+}、Fe^{3+}、CO_3^{2-}、SO_4^{2-}）的常用方法如下。

（1）向粗盐溶液中加入稍过量的 $BaCl_2$ 溶液，将 SO_4^{2-} 转化为 $BaSO_4$ 沉淀，再经过滤除去。

（2）向粗盐溶液中加入 $NaOH$、Na_2CO_3，先将 Mg^{2+}、Ca^{2+}、Ba^{2+} 分别转化为 $Mg_2(OH)_2$、$CaCO_3$、$BaCO_3$ 沉淀，再经过滤除去。

相关反应式如下所示：

$$Ca^{2+} + CO_3^{2-} \rule[0.5ex]{1.5em}{0.4pt}\!\!\!\rule[0.7ex]{1.5em}{0.4pt} CaCO_3\downarrow$$

$$Mg^{2+} + 2OH^- \Longrightarrow Mg(OH)_2 \downarrow$$

$$4Mg^{2+} + 4CO_3^{2-} + H_2O \Longrightarrow Mg(OH)_2 \downarrow + 3MgCO_3 \downarrow + CO_2 \uparrow$$

$$2Fe^{3+} + 3CO_3^{2-} + 3H_2O \Longrightarrow Fe(OH)_3 \downarrow + 3CO_2 \uparrow$$

$$Fe^{3+} + 3OH^- \Longrightarrow Fe(OH)_3 \downarrow$$

$$Ba^{2+} + CO_3^{2-} \Longrightarrow BaCO_3 \downarrow$$

（3）向粗盐溶液中滴加稀 HCl，将其 pH 调至 $2 \sim 3$，即可去除 OH^-、CO_3^{2-}。

相关反应式如下所示：

$$OH^- + H^+ \Longrightarrow H_2O$$

$$CO_3^{2-} + 2H^+ \Longrightarrow CO_2 \uparrow + H_2O$$

粗盐中，Na^+、K^+ 的性质极为相似，上述试剂无法对其进行分离。可利用溶解度的不同对其进行分离，NaCl 的溶解度远小于 KCl，在蒸发、浓缩溶液过程中，NaCl 先结晶，而含量较少的 KCl 因不饱和仍存留于母液中，将其母液滤去即可得到较纯净的 NaCl 结晶。

三、实验仪器与试剂

仪器：蒸发皿、表面皿、循环水泵、漏斗、布氏漏斗、烧杯（250 mL、100 mL）、量筒（100 mL、10 mL）、试管、抽滤瓶、洗瓶、玻璃棒、漏斗架、试管架、普通天平（台平）。

试剂：粗盐、HCl（2 mol/L、3 mol/L）、NaOH（2 mol/L）、乙醇（95%）、$BaCl_2$（1 mol/L）、Na_2CO_3（1 mol/L、饱和）、KSCN（25%）、$(NH_4)_2C_2O_4$（饱和）、$(NH_4)_2Fe(SO_4)_2$ 标准溶液（含 0.01 g/L Fe^{3+}）、镁试剂。

四、实验步骤

（一）粗盐的提纯

（1）称量和溶解：事先将海盐捣碎，用普通天平称取约 5.00 g 海盐，置于 100 mL 烧杯中，然后加入 25 mL 蒸馏水，加热并搅拌，待绝大部分盐溶解后，剩下的少量不溶杂质（如泥沙等），可通过倾析法进行固液分离，也可以过滤实现。

（2）除 SO_4^{2-}：将溶液加热至接近沸腾，边搅拌边滴加 1 mL 1 mol/L 的

$BaCl_2$ 溶液，然后继续加热 3 min，尽量使 $BaSO_4$ 沉淀出来，再通过过滤进行分离。

检查 SO_4^{2-} 是否除尽：停止加热搅拌，待沉淀沉降后，向烧杯中加入 1 ～ 2 滴 $BaCl_2$ 溶液；若仍产生沉淀，表示 SO_4^{2-} 未除尽，应继续滴入 $BaCl_2$ 溶液，上层清液不再产生浑浊后再减压过滤；最后用少量蒸馏水（约 10 mL）洗涤沉淀 2 ～ 3 次，并将滤液转入 250 mL 烧杯中。

（3）除 Mg^{2+}、Ca^{2+}、Fe^{3+} 和 Ba^{2+}：向滤液中加入 1.5 mL 1 mol/L 的 Na_2CO_3 及 10 滴 2 mol/L 的 NaOH 溶液，加热 3 ～ 5 min 后静置片刻；再滴加 Na_2CO_3 溶液，直至不产生沉淀；最后将其减压过滤，弃去沉淀，并将所得滤液转入蒸发皿中。

（4）除过量的 OH^- 和 CO_3^{2-}：向蒸发皿中滴加 2 mol/L 的 HCl，将其 pH 调至 2 ～ 3（边滴加边用 pH 试纸检验）。

（5）蒸发与结晶：将蒸发皿置于三脚架上（必要时加上泥三角），小火加热，以防溶液飞溅，同时不断搅拌；待溶液浓缩至糊状，停止加热；趁热进行减压抽滤，并将滤纸上的食盐转入蒸发皿，以小火炒干。

（6）烘干与称量：将 NaCl 晶体移至已知质量的称量纸上，称出其质量并用以下公式计算出产率。

$$产率 = \frac{精盐产品量（g）}{所称粗盐量（g）} \times 100\% \qquad (3\text{-}8)$$

（二）产品纯度检验

（1）称取粗盐和提纯精盐各 0.5 g，分别放入两个小烧杯中，各加 6 mL 蒸馏水溶解，然后各均分 3 份转入 3 支试管，对应分成 3 组，按照两两对比来比较两者纯度（表3-2）。

表3-2 产品纯度检验对照实验

第 1 组 SO_4^{2-} 检验	第 2 组 Ca^{2+} 检验	第 3 组 Mg^{2+} 检验
滴加 2 滴 1mol/L 的 $BaCl_2$ 溶液	滴加 2 滴 饱和$(NH_4)_2C_2O_4$溶液	先滴加 2 滴 2 mol/L 的 NaOH 溶液，再加入 1 滴镁试剂。是否有蓝色沉淀产生

（2）Fe^{3+} 的限量分析。在酸性介质中，Fe^{3+}与 SCN-SCN$^-$ 生成血红色配离子 $Fe(NCS)_n^{(3-n)+}$ （$n=1$，2，3，4，5，6）。

标准系列溶液的配制[①]：用吸量管移取 0.30 mL、0.90 mL、1.50 mL 0.01g/L 的 $(NH_4)_2Fe(SO_4)_2$ 标准溶液，分别加入 3 支 25 mL 比色管中；然后各加入 2.00 mL 25% 的 KSCN 溶液、2 mL 3 mol/L 的 HCl 溶液；再用蒸馏水稀释至刻度，摇匀（表3-3）。

表3-3　标准系列溶液

体积 /mL	相应 Fe^{3+} 含量 /mg	试剂品级
0.3	0.003	一级
0.9	0.009	二级
1.5	0.015	三级

试样溶液的配制：称取 1.00 g 精盐至 1 支 25 mL 比色管中；然后加入 10 mL 蒸馏水使其溶解；再加入 2.0 mL 25% 的 KSCN 溶液、2 mL 3mol/L 的 HCl 溶液，并用蒸馏水稀释至刻度，摇匀。

将试样溶液与标准溶液进行目视比色，可确定所制产品的纯度等级。

五、注意事项

（1）抽滤具有强碱性、强酸性或强氧化性的溶液须用玻璃纤维代替滤纸。

（2）蒸发浓缩前，须擦干蒸发皿外壁，以防受热不均；蒸发浓缩后，须防止蒸发皿骤冷破裂（放桌上要垫石棉网）。

（3）镁试剂的主要成分是对硝基苯偶氮间苯二酚，在碱性溶液中呈红色或紫色，被 $Mg(OH)_2$ 吸附后则呈天蓝色。

---

① 标准系列溶液由实验室准备。

六、思考题

（1）将 5.0 g 食盐溶于 25 mL 水中，所得溶液是否为饱和溶液？为什么不配制成饱和溶液？

（2）提纯时，一次过滤能否去除碳酸盐（或氢氧化物）、$BaSO_4$ 沉淀？

（3）提纯 NaCl，能否用重结晶法？为什么？

实验四　离子交换法纯化水及水质检验

一、实验目的

（1）了解离子交换法制备纯水的基本原理和方法。

（2）掌握水质检验的原理和方法。

（3）了解电导率仪的使用方法。

二、实验原理

水具有很强的溶解能力，很多物质也易溶于水，属于常用溶剂。此外，水还是生命之源，人类在生产、生活中都离不开水，特别是纯净水；而雨水、河水、地下水等天然水中含有大量杂质，通常需要将其净化后才能使用。水中的杂质按分散形态可分为三类，如表 3-4 所示。

表3-4　天然水中的杂质分类

杂质种类	杂 质
悬浮物	动植物遗体、藻类、泥沙等
胶体物质	溶胶、黏土胶粒、腐殖质体等
溶解物质	Na^+、K^+、Ca^{2+}、Mg^{2+}、Fe^{3+}、CO_3^{2-}、HCO_3^-、Cl^-、SO_4^{2-}、O_2、N_2、CO_2 等

在科研及工业生产中，水的纯度对其影响巨大。例如，化学实验中，水的纯度能直接影响实验结果的准确度。因此，掌握水的净化方法是每个化学工作者应具备的基本知识。

天然水经简单的物理、化学方法处理后，可去除其中的悬浮物质及部分无机盐类，净化为自来水。自来水中仍含较多杂质（如气体、无机盐等），在化学实验中，需将其进一步净化后才能使用。

水的净化方法主要有以下几种。

（一）蒸馏法

蒸馏是工业常用的分离提纯化工产品的方法，自然也可用于水的提纯。将自来水（或天然水）进行蒸馏冷凝获得的产品，就是蒸馏水，将蒸馏水再进行一次蒸馏冷凝，获得更纯的产品，则成为双蒸水。蒸馏水是化学实验中最常用且较为纯净和价廉的洗涤剂、溶剂，其在 25 ℃时的电阻率为 $1×10^5\ \Omega\cdot cm$ 左右。

（二）电渗析法

电渗析法是通过电渗析器去除自来水中的阴、阳离子，从而实现净化的方法。电渗析水的电阻率一般为 $10^4\sim10^5\ \Omega\cdot cm$，其纯度比蒸馏水略低。

（三）离子交换法

离子交换法是通过离子交换柱（内部装有阴、阳离子交换树脂）的离子交换作用和过滤作用去除自来水中的杂质离子，从而实现净化的方法。通常情况下，人们将通过此法得到的水称为去离子水，其纯度较高，25 ℃时的电阻率达 $5×10^6\ \Omega\cdot cm$ 以上。

1.离子交换树脂

离子交换树脂是一种人工合成的，带有交换活性基团的多孔网状结构的有机高分子聚合物。其具有性质稳定，与酸、碱及一般有机溶剂都不发生反应的特点。其网状结构骨架上的"活性基团"可与溶液中的离子进行交换。根据活性基团上可交换集团的不同，可将离子交换树脂分为两大类：阳离子交换树脂和阴离子交换树脂。

阳离子交换树脂：其活性基团可与溶液中的阳离子进行交换。例如，$Ar-SO_3^-H^+$ 和 $Ar-COO^-H^+$。这里，Ar 为树脂网状结构的骨架部分。

其中，活性基团中含有 H^+、Na^+ 等可与溶液中的阳离子进行交换的称为酸性阳离子交换树脂。根据活性基团酸性的强弱差异，又可分为强酸性和弱酸性阳离子交换树脂。例如，国产代号"732"的 $Ar-SO_3^-H^+$ 为强酸性阳离子交换树脂，国产代号"724"的 $Ar-COO^-H^+$ 为弱酸性阳离子交换树脂。

活性基团中含有 OH^-、Cl^- 等可与溶液中的阴离子进行交换的称为碱性阴离子交换树脂。例如，$Ar-NH_3^+OH^-$（或 OH 型阴离子交换树脂）。根据活性基团碱性强弱的差异，阴离子交换树脂可分为强碱性的和弱碱性的。例如，国产代号"717"树脂 $Ar-N^+(CH_3)_3OH^-$ 就是强碱性离子交换树脂，$Ar-NH_3^+OH^-$ 树脂（国产代号"701"）则是弱碱性离子交换树脂。

2. 离子交换法制备纯水

（1）原理。树脂中的活性基团上的 H^+、Na^+ 或 OH^-、Cl^- 等可与水中的各种杂质离子发生交换反应。

（2）过程。水中的杂质离子经扩散进入树脂颗粒内部，与树脂活性基团中的 H^+ 或 OH^- 发生交换，使杂质离子负载于树脂中，被交换下来的 H^+ 或 OH^- 扩散至溶液中，并相互结合生成 H_2O。

例如，$Ar-SO_3^-H^+$ 型阳离子交换树脂，其活性交换基团中的 H^+ 与水中的阳离子杂质（如 Ca^{2+}、Mg^{2+}）进行交换，Ca^{2+}、Mg^{2+} 等离子进入树脂中，被交换出的 H^+ 进入水中。反应式如下：

$$Ar-SO_3^-H^+ + Na^+ \rightleftharpoons Ar-SO_3^-Na^+ + H^+$$

$$2Ar-SO_3^-H^+ + Ca^{2+} \rightleftharpoons (Ar-SO_3^-)_2Ca^{2+} + 2H^+$$

因此，由阳离子交换树脂流出的水含有过量的 H^+，此水呈酸性。

同样，阴离子交换树脂的活性交换基团中的 OH^- 与水中的阴离子杂质（如 SO_4^{2-}、Cl^- 等）进行交换，Cl^-、SO_4^{2-} 等进入树脂中，被交换出的 OH^- 进入水中。反应式如下：

$$Ar-\underset{OH^-}{N^+}-(CH_3)_3 + Cl^- \rightleftharpoons Ar-\underset{Cl^-}{N^+}-(CH_3)_3^+$$

因此，由阴离子交换树脂流出的水含有过量的 OH^-，此水呈碱性。

根据上述可知，对于含有杂质离子的原料水（工业上称为原水），若只用阳离子交换树脂或阴离子交换树脂进行净化，得到的水会呈酸性或碱性。若将树脂交换出来的 H^+ 或 OH^- 进行中和，使其结合成水，即可将水转为中性：

$$H^+ + OH^- = H_2O$$

混合离子交换柱由阳离子交换树脂和阴离子交换树脂均匀混合而成，

相当于每颗阳离子树脂的旁边串联一颗阴离子树脂，达到的效果是相当于串联了无数个小型阳离子交换柱与阴离子交换柱。只要树脂混合的足够均匀，那么在交换柱床层任何部位的水都是中性的，因而可以减少逆反应发生的可能性。因此，若两个离子交换柱（即阳离子和阴离子交换柱）串联使用后，水中仍有少量的杂质离子，可再串联一个混合离子交换，可以达到更令人满意的效果。

（3）树脂再生。离子交换树脂上进行的交换反应是可逆的，反应的方向主要与水中两种离子（H^+ 或 OH^- 与杂质离子）浓度的大小有关。利用交换反应的可逆性，将负载杂质离子的盐型失效树脂再用高浓度酸或碱进行处理，可使其恢复交换能力，实现树脂循环使用，该过程称为树脂再生。

三、实验仪器与试剂

（一）仪　器

实验所有仪器如表 3-5 所示。

表3-5　实验所用仪器

名　称	数量 / 个
离子交换柱（$\phi 7\,mm \times 160\,mm$）	3
自由夹	4
乳胶管	2
橡皮塞	3
直角玻璃弯管	2
直玻璃管	2
烧　杯	若干

（二）试　剂

实验所用试剂如表 3-6 所示。

表3-6 实验所用试剂

名 称	浓度或质量
732 型强酸性离子交换树脂	100 g
717 强碱性离子交换树脂	100 g
钙试剂	0.1%
镁试剂	0.1%
HNO_3	2 mol/L
HCl 溶液	5%
NaOH	5%，2 mol/L
$AgNO_3$	0.1 mol/L
$BaCl_2$	1 mol/L

四、实验步骤

（一）装 柱

向一支离子交换柱的细孔端塞入小团玻璃棉，以防树脂漏出。再将粗孔端伸入装有树脂的烧杯中，用洗耳球于细孔端吸取树脂（动作类似于移液管的操作）。吸至所需量后，将柱子倒过来，放掉部分水，但须保持液面高于树脂面。为防止离子交换树脂中有气泡产生，可将长玻璃棒插入交换柱中，搅动树脂以赶走气泡。如图 3-1 所示。

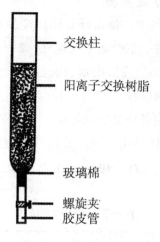

图 3-1 离子交换柱

按上面的方法装柱：取 3 支离子交换柱，第 1 支吸入约 1/2 柱容积的阳离子交换树脂，第 2 支吸入约 2/3 柱容积的阴离子交换树脂，第 3 支柱子装入 2/3 柱容积阴阳混合（阴离子交换树脂与阳离子交换树脂体积比为 2 ：1）的离子交换树脂。装柱完毕后按图 3-2 所示，将 3 支柱子进行串联，保持各个柱中的去离子水液面高于树脂层。

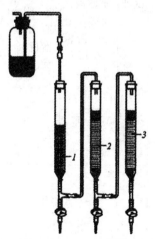

1—阳离子交换柱；2—阴离子交换柱；3—混合离子交换柱。

图 3-2 树脂交换装置图

（二）离子交换与水质检验

取适量待提纯的原料水，预留部分用作样品水，其余的依次流经阳离子交换柱、阴离子交换柱、混合离子交换柱，2～5 min 后依次接收阳离子交换柱流出水、阴离子交换柱流出水、混合离子交换柱流出水样品。对所得样品水进行以下项目的检验。

（1）用电导率仪测定各样品的电导率。

（2）取各柱流出的样品水 2 滴，分别放入点滴板的圆孔内，按表3-7 中的方法检验 Ca^{2+}、Mg^{2+}、SO_4^{2-} 和 Cl^-，并将检验结果填入表3-7 相应位置。

表3-7　水样检测结果

检验项目		电导率 / (μS/cm)	pH	Ca^{2+}	Mg^{2+}	Cl^-	SO_4^{2-}	结论
检验方法		测电导率	pH试纸	加入 1 滴 2 mol/L 的 NaOH 和 1 滴钙试剂溶液，观察有无红色溶液生成	加入 1 滴 2 mol/L 的 NaOH 和 1 滴镁试剂溶液，观察有无天蓝色沉淀生成	加入 1 滴 2 mol/L 硝酸，再加入 1 滴 0.1 mol/L 的 $AgNO_3$ 溶液，观察有无白色沉淀生成	加入 1 滴 1 mol/L 的 $BaCl_2$ 溶液，观察有无白色沉淀生成	
样品水	自来水							
	阳离子交换柱流出水							
	阴离子交换柱流出水							

续 表

检验项目		电导率 / (μS/cm)	pH	Ca^{2+}	Mg^{2+}	Cl^-	SO_4^{2-}	结论
样品水	混合离子交换柱流出水							

（三）树脂的再生

按示意图 3-3 展示的方法进行阳、阴离子交换树脂再生的实验。

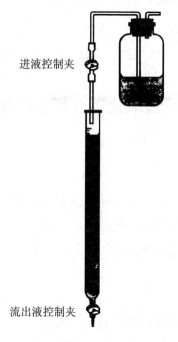

进液控制夹

流出液控制夹

图 3-3 树脂再生装置图

五、注意事项

（1）检测顺序：先混合柱出水，再阴离子柱出水、阳离子柱出水。

（2）先检测电导率，混合柱合格后（<10 μS/cm），再检验离子（Ca^{2+}、Mg^{2+} 在点滴板上进行）。点滴板须用去离子水多次清洗，检验结果要经教师过目。

（3）所得纯水应置于洗瓶中备用，实验时需用自制的去离子水洗涤仪器。

（4）电导率仪的量程档数字表示范围，读数时无须再乘系数。

六、思考题

（1）天然水中主要的无机盐杂质是什么？试述离子交换法净化水的原理。

（2）说出电导率仪检测水纯度的依据。

（3）装柱时，为什么要将树脂中的气泡赶净？

（4）实验时，对于市场上的 Na 型阳离子交换树脂及 Cl 型阴离子交换树脂，使用前为什么要将其分别用酸、碱进行浸泡，并洗涤至中性？

实验五　过氧化氢分解热的测定

一、实验目的

（1）掌握测定过氧化氢稀溶液分解热的实验手段。

（2）了解测定反应热效应的一般原理和方法。

（3）学习温度计、秒表的使用和简单的作图方法。

二、实验原理

过氧化氢（H_2O_2）浓溶液性质不稳定，温度 >150 ℃或混入一些过渡金属离子（如 Cr^{3+}、Fe^{3+} 等）会发生爆炸性分解，其反应式如下。但在常温及无催化活性杂质情况下，其性质相对稳定。

$$H_2O_2(1) \xlongequal{} H_2O(1) + \frac{1}{2}O_2(g)$$

在 H_2O_2 稀溶液中加入催化剂或使其升温，发生的分解反应也较温和。本实验就是以二氧化锰（MnO_2）为催化剂，利用保温杯式简易量热计测定 H_2O_2 稀溶液分解反应时的热效应的。保温杯式简易量热计主要由普通保温杯、精密温度计（分刻度为 0.1 ℃）组成（图 3-4）。

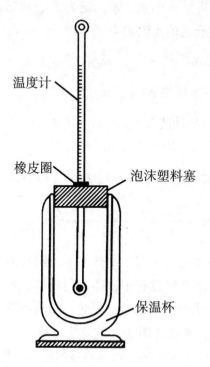

温度计

橡皮圈　　　　　泡沫塑料塞

保温杯

图 3-4　保温杯式简易量热计装置

常规测定实验中，溶质浓度很低，溶液的比热容（C_{aq}）可近似地取溶剂的比热容 C_{solv}。量热体系的热容 C 可表示为

$$C = C_{aq} \cdot m_{aq} + C_p \quad \approx C_{solv} \cdot m_{solv} + C_p \qquad （3\text{-}9）$$

化学反应过程中产生的热量提升了整个量热体系的温度，因此：

$$Q = C\Delta T = (C_{solv} m_{sdv} + C_p)\Delta T \qquad （3\text{-}10）$$

实验采用 H_2O_2 稀溶液，根据式（3-9），可得

$$C = C_{H_2O} \cdot m_{H_2O} + C_p \qquad （3\text{-}11）$$

式中：C_{H_2O} 为水的质量热容，为 4.184 J/（g·k）；m_{H_2O} 为水的质量。

室温下，水的密度 ≈1.00 kg/L，所以 $m_{H_2O} = V_{H_2O}$，其中，V_{H_2O} 表示水的体积。

根据式（3-11），量热体系热容 C 值只要得出量热计装置的热容即可。量热计装置热容的测取方法如下。

量热计装置中盛有质量 m 的水，水温记为 T_1；再迅速加入相同质量且水温为 T_2 的热水；将混合后的水温记为 T_3。则

$$热水失热 = C_{H_2O} \cdot m_{H_2O}(T_2 - T_3) \tag{3-12}$$

$$冷水得热 = C_{H_2O} \cdot m_{H_2O}(T_3 - T_1) \tag{3-13}$$

$$量热计装置得热 = (T_3 - T_1)C_p \tag{3-14}$$

根据热量平衡得

$$C_{H_2O} \cdot m_{H_2O}(T_2 - T_3) = C_{H_2O} \cdot m_{H_2O}(T_3 - T_1) + C_p(T_3 - T_1) \tag{3-15}$$

$$C_p = \frac{C_{H_2O} \cdot m_{H_2O}(T_2 + T_1 - 2T_3)}{T_3 - T_1} \tag{3-16}$$

严格意义上，简易量热计不属于绝热体系，因此测量温度变化时会产生一些问题。例如，冷水升温过程中，体系与环境会发生热量交换，会损失部分热量产生损失，从而产生误差。因此，隔热性不太好的量热计，其测量结果往往需要修正。外推作图法是最简单的修正方法，如图 3-5 所示，横坐标为时间轴，纵坐标为温度轴，根据测量的数据点作直线（记为 AB），然后延长 BA 至与纵轴相交，交点记为 C。体系能上升的最高温度即为 C 点对应的温度。而对于隔热性较好的量热计，若体系温度达最高点后，数分钟内温度无明显下降，可不进行修正。

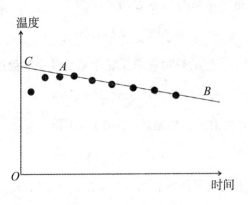

图 3-5 温度 – 时间曲线图

三、实验仪器与试剂

仪器：温度计 2 支（0 ～ 50 ℃、分刻度 0.1 ℃的精密温度计和量程 100 ℃的普通温度计）、保温杯、量筒、烧杯、研钵、秒表。

试剂：MnO_2、H_2O_2（0.3%）。

材料：泡沫塑料塞、吸水纸。

四、实验步骤

（一）测定量热计装置的热容

将保温杯式简易量热计装置装配好，杯盖上的小孔需稍大于温度计的直径，温度计底端需套橡皮圈，以免接触保温杯杯底。

用量筒量取 50 mL 去离子水至干净的保温杯中，盖上杯盖，双手握住保温杯小幅摇动几分钟（注意尽量避免液体溅到杯盖上），再用精密温度计测量其温度，当温度持续 3 min 不变时，记下温度 T_1。量取 50 mL 去离子水至 100 mL 烧杯中，将烧杯置于热水浴中加热，水浴温度高于室温（20 ℃），但温度不能高于 50 ℃，加热 10 ～ 15 min 后，再用精密温度计测出热水温度 T_2，并迅速将热水倒入保温杯中，盖好杯盖。倒热水的同时，按动秒表（可用手机秒表），与上面同样的幅度和速度摇动保温杯，每 10 秒记录一次温度，记录 3 次后，再隔 20 s 记录一次，直至体系温度 2 min 内不再变化或开始下降，此时的温度为混合后的最高温度，记为 T_3。完毕后需倒掉保温杯内的热水，洗净后用吸水纸擦干备用。

（二）测定 H_2O_2 稀溶液的分解热

称取 0.5 g 研细的 MnO_2 粉末，备用，量取 100 mL 已知准确浓度的 H_2O_2 稀溶液至保温杯中，盖好杯盖，与上面同样的幅度和速度摇动保温杯 10 s，用精密温度计观测温度 2 min，当溶液温度基本不变时，记为温度 T_1'。然后迅速加入 MnO_2 粉末，盖好杯盖后按动秒表，与上面同样的幅度和速度摇动保温杯，使 MnO_2 粉末与 H_2O_2 溶液混合均匀。每 10 秒记录一次温度，记录过程中发现温度升高到一个最高点，且一段时间（如 3 min）内保持不变，则记该温度为 T_2'，T_2' 可视为该反应所能达到的最高温度，然后每 20 秒记录一次温度。若未出现一个温度恒定的平台，则需采用外推作图法寻找反应的最高温度。

（三）数据记录和处理

1. 量热计装置热容 C_p 的计算

量热计装置热容的测定数据如表3-8所示。

表3-8　量热计装置热容的测定数据

冷水温度 T_1 / K	
热水温度 T_2 / K	
冷热水混合后温度 T_3 / K	
冷（热）水的质量 m / g	
水的质量热容 C_{H_2O} / (J·g^{-1}·K^{-1})	
量热计装置热容 C_p / (J·K^{-1})	

2. 分解热的计算

$$Q = C_p(T_2' - T_1') + C_{H_2O} \cdot m_{H_2O_2}(T_2' - T_1') \tag{3-17}$$

由于 H_2O_2 稀溶液的密度和比热容近似等于水，因此，

$$C_{H_2O_2(aq)} \approx C_{H_2O} = 4.184 \, J/(g \cdot K) \tag{3-18}$$

$$m_{H_2O_2} \approx V_{H_2O_2} \tag{3-19}$$

$$Q = C_p \Delta T + 4.184 \cdot V_{H_2O_2} \Delta T \tag{3-20}$$

$$\Delta H = \frac{-Q}{C_{H_2O_2} \cdot V / 1\,000} = \frac{(C_p + 4.184 V_{H_2O_2}) \Delta T \times 1\,000}{C_{H_2O_2} \cdot V_{H_2O_2}} \tag{3-21}$$

H_2O_2 分解热实验值与理论值（98.15 kJ/mol）的相对误差应该在 ±10% 以内。

H_2O_2 分解热的测定数据如表 3-9 所示。

表3-9　H_2O_2 分解热的测定数据

反应前温度 T_1' / K	
反应后温度 T_2' / K	
ΔT / K	
H_2O_2 溶液体积 V /mL	
量热计吸收的总热量 Q/J	
分解热 ΔH / (kJ·mol^{-1})	
与理论值比较误差 /%	

五、注意事项

（1）精密温度计的使用。

①为防止损坏精密温度计，水银球需套上胶管且测量最高温度为 50 ℃（热水需先用普通温度计测量）。

②精密温度读数应精确至 0.01 ℃。

（2）秒表可用手机上的秒表计时功能代替。

（3）测 C_p 时，冷、热水的测量须各用 1 支温度计，混合好后再计时读数。

（4）做分解热实验时，保温杯要洗净，不能粘有 MnO_2。

（5）原始数据记录格式：

① C_p 热容测定，$T_1 =$ ____ ；　$T_2 =$ ____ 。

时间（s）：累计 10，20，30，40……

温度（℃）：28.91　28.94　29.02……不少于 15 组。

② 测 $\Delta_r H$，$T_1' =$ ____ ；　$T_2' =$ ____ 。

时间（s）：累计 10，20，30，40……

温度（℃）：28.91，28.94，29.02，29.02……至温度不变 3 min 以上。

（6）处理数据时必须体现计算过程，并保留 3 位有效数字。

（7）H_2O_2 的化学性质不稳定，H_2O_2 溶液（0.3%）应在实验前进行溶液浓度标定（单位：mol/L）。

（8）MnO_2 在使用前需尽量研细，于 110 ℃烘箱中烘 2 h，然后置于干燥器中备用。

（9）一般市售保温杯的容积为 250 mL 左右，故 H_2O_2 稀溶液的实际用量取 150 mL 为宜，以减少误差。

（10）测定分解热若一次不成功，再次测定须使用干净的保温杯。

（11）在量热计热容及 H_2O_2 分解热的测定过程中，保温的杯摇动需保持完全一致的幅度和频率。

六、思考题

（1）MnO_2 粉末为什么需要悬浮于 H_2O_2 溶液中？

（2）杯盖上的小孔为什么要稍大于温度计直径？这对实验结果有什么影响？

（3）理解体系、环境、热容、比热容、内能和焓、反应热的概念。

（4）实验中为什么要用 MnO_2？计算反应放出的总热量时，需要考虑 MnO_2 的热效应吗？

（5）实验结果误差很大，试分析其原因。

实验六　常见非金属阴离子的分离与鉴定

一、实验目的

（1）学习离子分离和鉴定的原理和方法。

（2）掌握常见阴离子鉴定所基于的化学反应。

（3）了解离子检出的基本操作。

二、实验原理

ⅢA 族～ⅦA 族包含 22 种非金属元素，在形成化合物时常由两种或两种以上元素生成一种或多种酸根离子或配阴离子。同一元素的中心原子甚至可以形成若干种阴离子，如 S 可以构成 S^{2-}、SO_3^{2-}、SO_4^{2-}、$S_2O_3^{2-}$、$S_2O_8^{2-}$ 等常见阴离子。

生成的各种非金属阴离子中，一些可与试剂作用生成带颜色的沉淀，一些可与氢离子作用生成挥发性物质，一些可与试剂反应生成特异的颜色，还有些可呈现氧化还原性质。根据溶液中离子共存情况，通过初步性质检验或进行分组试验，可先排除一些不可能存在的离子，然后分步鉴定可能存在的离子。

三、实验仪器与试剂

仪器：离心试管、点滴板、离心机、Pb（Ac）$_2$ 试纸。

试剂：0.1 mol/L 的 Na_2SO_3、Na_2S、Na_3PO_3、$NaCl$、NaI、$NaBr$、$NaNO_3$、$NaNO_2$、$NaCO_3$、$(NH_4)_2MoO_4$、$BaCl_2$、$KMnO_4$、$AgNO_3$、[Fe]；饱和 $ZnSO_4$、$Ba(OH)_2$ 或新配制的石灰水；0.5 mol/L 的 $K_4[Fe(CN)_6]$；2 mol/L 的浓 NaOH、浓 H_2SO_4；6 mol/L 的 HNO_3、HCl、氨水；1% 的对氨基苯磺酸；3% 的 H_2O_2；4% 的 α-萘胺；9% 的亚硝酰铁氰化钠；CCl_4、氯水、硫酸亚铁（s）、碳酸镉（s）。

四、实验步骤

（一）常见阴离子的鉴定

常见阴离子鉴定的详细方法步骤如表 3-10 所示。

表3-10 常见阴离子鉴定的方法步骤

离子名称	方法步骤
CO_3^{2-}	取 10 滴 CO_3^{2-} 试液于具支试管（图 3-6）中，支管接有橡胶管，用 pH 试纸测定其 pH，然后加 10 滴 6 mol/L 的 HCl 溶液，并立即将橡胶管伸入新配置的石灰水或 $Ba(OH)_2$ 溶液中，如溶液立刻产生浑浊（白色），结合溶液的 pH，判断有 CO_3^{2-} 存在
NO_3^-	取 2 滴 NO_3^- 试液于点滴板上，放置一小粒 $FeSO_4$ 晶体于溶液的中央，然后加 1 滴浓 H_2SO_4 在晶体上。如结晶周围出现棕色，说明有 NO_3^- 存在
NO_2^-	取 2 滴 NO_2^- 试液于点滴板上，加 1 滴 2 mol/L 的 HAc 溶液酸化，再加 1 滴对氨基苯磺酸和 1 滴 α-萘胺。观察现象，如出现玫瑰红色，说明存在 NO_2^-

续　表

离子名称	方法步骤
SO_4^{2-}	取 5 滴 SO_4^{2-} 试液于试管中，加 2 滴 6 mol/L 的 HCl 溶液和 1 滴 0.1 mol/L 的 Ba^{2+} 溶液。观察现象，如有白色沉淀，说明存在 SO_4^{2-}
$S_2O_3^{2-}$	向盛有 3 滴 $S_2O_3^{2-}$ 试液的试管中，加入 10 滴 0.1 mol/L 的 $AgNO_3$ 溶液，振荡，观察现象，如白色沉淀迅速变成棕变黑，说明有 $S_2O_3^{2-}$ 存在
PO_4^{3-}	取 3 滴 PO_4^{3-} 试液于离心管中，加 5 滴 6 mol/L 的 HNO_3 溶液，再加 8 ～ 10 滴 $(NH_4)_2MoO_4$ 试剂，水浴加热。观察现象，如生成黄色沉淀，说明有 PO_4^{3-} 存在
S^{2-}	取 1 滴 S^{2-} 试液于离心试管中，加 1 滴 2 mol/L 的 NaOH 溶液，再加一滴亚硝酰铁氰化钠试剂。观察现象，如溶液变成紫色，说明有 S^{2-} 存在
Cl^-	取 3 滴 Cl^- 试液于离心管中，加入 1 滴 6 mol/L 的 HNO_3 溶液酸化，再加 0.1 mol/L 的 $AgNO_3$ 溶液。观察现象，如有白色沉淀产生，初步说明试液中可能有 Cl^- 存在。然后将离心管进行水浴微热，再离心分离，弃去清液，于沉淀中加入 3 ～ 5 滴 6 mol/L 的氨水，振荡离心管，可观察到沉淀溶解，再加入 5 滴 6 mol/L 的 HNO_3 酸化，观察现象，如重新生产白色沉淀，说明有 Cl^- 存在
I^-	取 1 滴 I^- 试液于离心管中，加入 2 滴 2 mol/L 的 H_2SO_4 及 3 滴 CCl_4，然后缓慢加入氯水，并不断振荡试管。观察现象，如 CCl_4 层呈现紫红色（I_2），然后又褪至无色（IO_3^-），则说明有 I^- 存在
Br^-	取 5 滴 Br^- 试液于离心管中，加 3 滴 2 mol/L 的 H_2SO_4 溶液及 2 滴 CCl_4，然后逐滴加入 5 滴氯水并振荡试管。观察现象，如 CCl_4 层呈现黄色或橙红色，说明有 Br^- 存在

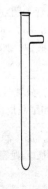

图 3-6　具支试管

（二）混合离子的鉴定

1. Cl^-、Br^-、I^-混合的分离和鉴定

首先将卤素离子转化为卤化银 AgX 沉淀，然后用氨水或$(NH_4)_2CO_3$将 AgCl 溶解，由于 AgBr、AgI 不溶解，可以达到将其分离的目的。再在 AgBr、AgI 混合物中加入稀 H_2SO_4 酸化，然后加入少许还原剂（如锌粉或镁粉）加热，可用锌或镁将银还原出来，而 Br^-、I^- 转入溶液中。最后根据 Br^-、I^- 在酸溶液中还原能力的差异，用氯水进行分离和鉴定。

具体操作和鉴定流程如图 3-7 所示。

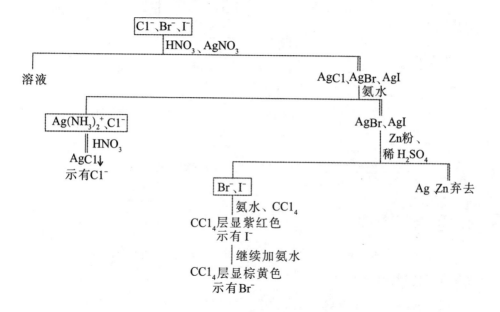

图 3-7　Cl^-、Br^-、I^-混合离子分离、鉴定流程

注："‖"表示固相（沉淀或残渣），"｜"表示液相（溶液）。

2. S^{2-}、SO_3^{2-}、$S_2O_3^{2-}$ 混合物的分离和鉴定

取少量含各离子的溶液，先加入 NaOH 碱化，再加入亚硝酰铁氰化钠，若产生特殊红紫色，表明存在 S^{2-}。用碳酸镉固体去除 S^{2-} 后，再进行其他离子的分离和鉴定。

将滤液一分为二，一份鉴定 SO_3^{2-}，另一份鉴定 $S_2O_3^{2-}$。其中一份加入亚硝酰铁氰化钠、过量饱和 $ZnSO_4$ 溶液及 $K_4[Fe(CN)_6]$ 溶液，若产生红色沉淀，说明存在 SO_3^{2-}。向另一份滴入过量的 $AgNO_3$ 溶液，若沉淀呈现白→棕→黑的颜色变化过程，说明存在 $S_2O_3^{2-}$。

实验方案如图 3-8 所示。

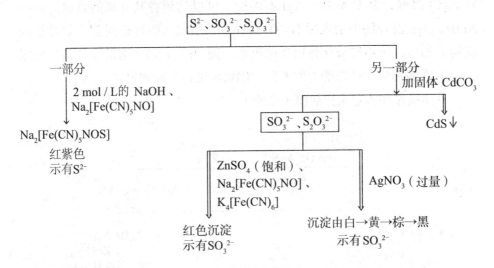

图 3-8 S^{2-}、SO_3^{2-}、$S_2O_3^{2-}$ 混合离子分离、鉴定流程

五、注意事项

（1）固 / 液体试剂、试管、试纸的使用以及离心分离等，须严格按照相关基本操作规程进行。

（2）$AgNO_3$ 鉴定 $S_2O_3^{2-}$ 的实验中，$AgNO_3$ 只需加 3～4 滴即可。

（3）Cl^-、Br^-、I^- 混合离子的分离和鉴定，分别用 2～3 滴钠盐即可。

（4）I_2 能与过量氯水反应生成无色溶液，其反应式如下：

$$I_2 + 5Cl_2 + 6H_2O \rule[0.5ex]{2em}{0.4pt} 2HIO_3 + 10HCl$$

六、思考题

（1）取两种盐进行混合，再加水溶解，产生沉淀。将其沉淀一分为二，一份溶于 HCl 溶液，另一份溶于 HNO_3 溶液。试问所取的两种盐可能是下列哪两种？

$BaCl_2$、$AgNO_3$、Na_2SO_4、$(NH_4)_2CO_3$、KCl。

（2）在酸性溶液中，哪些阴离子能使 I_2 淀粉溶液褪色？

（3）若在固体试样中加入稀 H_2SO_4，产生气泡，则该固体试样有可能含有哪些阴离子？

实验七 常见金属阳离子的分离与鉴定

一、实验目的

（1）学习离子分离和鉴定的原理及方法。

（2）掌握常见金属离子鉴定所基于的化学反应。

（3）巩固一些金属元素及其化合物的性质。

二、实验原理

离子的分离、鉴定依据：各离子对试剂的不同反应。这些反应常伴随一些特殊现象，如沉淀的生成或溶解、特殊颜色的出现、气体的产生等。

离子的分离与鉴定需要在一定条件下进行，包括溶液的酸度、反应物的浓度、反应温度、促进或妨碍此反应的物质等。因此，不仅需熟悉离子的有关性质，还要学会运用反应平衡（酸碱、沉淀、氧化还原、络合等平衡）及平衡移动的规律来控制反应条件。

常见金属阳离子分离的依据：其与常用试剂的反应及差异。利用这种差异可将各金属阳离子分开。

三、实验仪器与试剂

仪器：试管（10 mL）、离心试管、烧杯（250 mL）、离心机、pH 试纸、镍丝。

试剂：0.1 mol/L 的 $SbCl_3$、$Bi(NO_3)_3$、$AgNO_3$；0.2 mol/L 的 $HgCl_2$、$ZnSO_4$、$Cd(AlO_3)_2$；0.5 mol/L 的 $MgCl_2$、$CaCl_2$、$BaCl_2$、$AlCl_3$、$SnCl_2$、$Pb(NO_3)_2$、$CuCl_2$、$Al(NO_3)_3$、$NaNO_3$、$Ba(NO3)_2$、Na_2S、$K_4[Fe(CN)_6]$；1 mol/L 的 NaCl、KCl、K_2CrO_4；2 mol/L、6 mol/L 的 浓 HCl；2 mol/L 和 6 mol/L 的 HAc 和 NaOH；2 mol/L 的 H_2SO_4、KOH、NaAc、NH_4Ac；6 mol/L 的 HNO_3、$NH_3 \cdot H_2O$；

饱和 $KSb(OH)_6$、$NaHC_4H_4O_6$、$(NH_4)_2C_2O_4$、Na_2CO_3；0.1% 的铝试剂；2.5% 的硫脲镁；罗丹明 B；亚硝酸钠；苯；$(NH_4)_2[Hg(SCN)_4]$。

四、实验步骤

（一）碱金属和碱土金属离子的鉴定

详细的方法步骤如表 3-11 所示。

表3-11　碱金属及碱土金属离鉴定的方法步骤

离子名称	方法步骤
Na^+	在盛有 0.5 mL 1 mol/L 的 NaCl 溶液的试管中，加入 0.5 mL 饱和六羟基锑（Ⅴ）酸钾 [$KSb(OH)_6$] 溶液，产生白色结晶状沉淀。如无沉淀产生，可以用玻棒摩擦试管内壁，放置片刻，再观察。写出反应方程式
K^+	在盛有 0.5 mL 1 mol/L 的 KCl 溶液的试管中，加入 0.5 mL 饱和酒石酸氢钠（$NaHC_4H_4O_6$）溶液，白色结晶状沉淀产生。如无沉淀产生，可用玻棒摩擦试管壁，再观察。写出反应方程式
Mg^{2+}	在试管中加 2 滴 0.5 mol/L 的 $MgCl_2$ 溶液，再滴加 6 mol/L 的 NaOH 溶液，直到生成絮状的 $Mg(OH)_2$ 沉淀；然后加入 1 滴镁试剂，搅拌之，生成蓝色沉淀。写出反应方程式
Ca^{2+}	取 0.5 mL 0.5 mol/L 的 $CaCl_2$ 溶液于离心试管中，再加 10 滴饱和草酸铵溶液，有白色沉淀产生。离心分离，弃去清液。再滴加 5 滴 6 mol/L 的 HAc 溶液，白色沉淀不溶，再滴加 10 滴 2 mol/L 的盐酸，白色沉淀溶解，说明有 Ca^{2+} 存在。写出反应方程式
Ba^{2+}	取 2 滴 0.5 mol/L 的 $BaCl_2$ 于试管中，加入 2 mol/L 的 HAc 和 2 mol/L 的 NaAc 各 2 滴，无沉淀，然后滴加 2 滴 1 mol/L 的 K_2CrO_4，生成黄色沉淀，说明有 Ba^{2+} 存在。写出反应方程式

（二）p 区和 ds 区部分金属离子的鉴定

p 区和 ds 区部分金属离子鉴定的详细方法步骤如表 3-12 所示。

表3-12　p区和ds区部分金属离子鉴定的方法步骤

离子名称	方法步骤
Al^{3+}	取 2 滴 0.5 mol/L 的 $AlCl_3$ 溶液于小试管中，加 2～3 滴水，2 滴 2 mol/L 的 HAc 及 2 滴 0.1% 的铝试剂，搅拌后，水浴加热片刻，再加入 1～2 滴 6 mol/L 的氨水，有红色絮状沉淀产生，说明有 Al^{3+} 存在，写出反应式
Sn^{2+}	取 5 滴 0.5 mol/L 的 $SnCl_2$ 溶液于试管中，逐滴加入 0.2 mol/L 的 $HgCl_2$ 溶液，边加边振荡，若产生的沉淀由白色变为灰色，然后变为黑色，说明有 Sn^{2+} 存在
Pb^{2+}	取 5 滴 0.5 mol/L 的 $Pb(NO_3)_2$ 试液于离心试管中，加 2 滴 1 mol/L 的 K_2CrO_4 溶液，如有黄色沉淀生成，再滴加数滴 2 mol/L 的 NaOH 溶液，沉淀溶解，说明有 Pb^{2+} 存在
Sb^{3+}	取 5 滴 0.1 mol/L 的 $SbCl_3$ 试液于离心试管中，加 3 滴浓盐酸及数粒亚硝酸钠，将 $Sb(Ⅲ)$ 氧化为 $Sb(Ⅴ)$，当无气体放出时，再加数滴苯及 2 滴罗丹明 B 溶液，苯层显紫色，说明存在 Sb^{3+}
Bi^{3+}	取 1 滴 0.5 mol/L 的 $Bi(NO_3)_3$ 试液于试管中，加 1 滴 2.5% 的硫脲，生成鲜黄色配合物，说明存在 Bi^{3+}
Cu^{2+}	取 1 滴 0.5 mol/L 的 $CuCl_2$ 试液于点滴板中，加 1 滴 6 mol/L 的 HAc 溶液酸化，再加 1 滴 0.5 mol/L 的 $K_4[Fe(CN)_6]$ 溶液，生成红棕色 $Cu_2[Fe(CN)_6]$ 沉淀，说明存在 Cu^{2+}
Ag^+	取 5 滴 0.1 mol/L 的 $AgNO_3$ 试液于试管中，加 5 滴 2 mol/L 的盐酸，产生白色沉淀。在沉淀中加入 6 mol/L 的氨水至沉淀完全溶解。再用 6 mol/L 的 HNO_3 溶液酸化，生成白色沉淀，说明存在 Ag^+
Zn^{2+}	取 3 滴 0.2 mol/L 的 $ZnSO_4$ 试液于试管中，加 2 滴 2 mol/L 的 HAc 溶液酸化，再加入等体积 $(NH_4)_2[Hg(SCN)_4]$ 溶液，摩擦试管壁，生成白色沉淀，说明存在 Zn^{2+}
Cd^{2+}	取 3 滴 0.2 mol/L 的 $Cd(NO_3)_2$ 试液于小试管中，加入 2 滴 0.5 mol/L 的 Na_2S 溶液，生成亮黄色沉淀，说明存在 Cd^{2+}
Hg^{2+}	取 2 滴 0.2 mol/L 的 $HgCl_2$ 试液于试管中，逐滴加入 0.5 mol/L 的 $SnCl_2$ 溶液，边加边振荡，观察沉淀颜色变化，直至变为灰色，说明存在 Hg^{2+}（该反应也可作为 Hg^{2+} 或 Sn^{2+} 的定性鉴定）

（三）部分混合离子的分离与鉴定

取 2 滴 Ag^+ 试液以及 Ba^{2+}、Cd^{2+}、Na^+、Al^{3+} 试液各 5 滴于离心试管 A 中，将其振荡混合均匀后，按图 3-9 或表 3-13 的分离与鉴定流程进行相关操作。

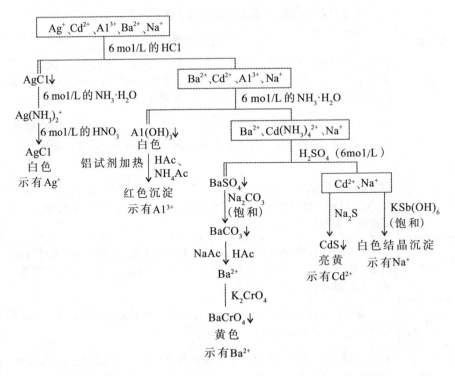

图 3-9　Ag⁺、Ba²⁺、Cd²⁺、Na⁺、Al³⁺ 混合离子分离鉴定流程

具体分离方法步骤如表 3-13 所示。

表3-13　Ag⁺、Al³⁺、Ba²⁺、Cd²⁺、Na⁺混合离子分离与鉴定的具体方法步骤

离子名称	方法步骤
Ag^+	在混合试液中加 1 滴 6 mol/L 的盐酸，振荡离心管，在沉淀生成时再加 2 滴 6 mol/L 的盐酸至沉淀完全，振荡片刻，离心分离，把清液转移至另一支离心试管中，记为 B 溶液，备用。 再用 1 滴 6 mol/L 的盐酸和 10 滴蒸馏水洗涤沉淀，离心分离，将洗涤液加入 B 溶液中。然后加入 2～3 滴 6 mol/L 的氨水于沉淀中，振荡混匀，溶解，最后加入 1～2 滴 6 mol/L 的 HNO_3 溶液酸化，有白色沉淀析出，说明存在 Ag^+
Al^{3+}	向 B 溶液中滴加 10 滴 6 mol/L 的氨水，使溶液中产生沉淀，离心，另取一支离心试管，将离心的上清液转入其中，记为 C，备用。 在 B 管中剩下的沉淀加 2 滴 2 mol/L 的 HAc 溶液和 2 mol/L 的 NaAc，混合均匀后再加入 2 滴铝试剂，混合均匀后水浴加热，逐步产生红色沉淀，说明存在 Al^{3+}

续 表

离子名称	方法步骤
Ba^{2+}	向 C 管溶液中逐滴加入 6 mol/L 的 H_2SO_4 溶液，直至产生大量白色沉淀，振荡片刻，离心。另取一支离心试管，将离心的上清液转入其中，记为 D，备用。C 管剩下的沉淀用 1 mL 热蒸馏水洗涤，然后离心，清液并入 D 溶液在洗净的沉淀中加入 3 ～ 4 滴饱和 Na_2CO_3 溶液，混合均匀，各加入 3 滴 2 mol/L 的 HAc 溶液和 2mol/L 的 NaAc 溶液，振荡。再向溶液中加入 1 mol/L 的 K_2CrO_4 溶液 3 滴，有黄色沉淀产生，说明存在 Ba^{2+}
Cd^{2+}	取一半 D 溶液于一试管 E 中，加入 2 ～ 3 滴 0.5 mol/L 的 Na_2S 溶液，产生黄色沉淀，说明存在 Cd^{2+}
Na^+	向剩余的 D 溶液中加入几滴饱和六羟基锑酸钾溶液，若产生白色结晶状沉淀，说明存在 Na^+

五、注意事项

（1）取用固、液体试剂，使用试管，水浴加热，离心分离，等等，都须严格按照相关基本操作规程进行。

（2）Pb^{2+} 的鉴定，加 1 ～ 2 滴硝酸铅即可。

（3）Sb^{3+} 的鉴定，亚硝酸钠不要加太多，否则将会产生大量 NO_2 气体。所有试剂加完后若现象不明显，加水稀释可使现象更加明显。

六、思考题

（1）为什么要用 HAc 溶解 $BaCO_3$ 或 $CaCO_3$ 沉淀，而不用 HCl 溶液溶解？

（2）用 $K_4[Fe(CN)_6]$ 鉴定 Cu^{2+} 时，为什么要用 HAc 溶液酸化？

（3）对于未知溶液的分析，利用碳酸盐来制取铬酸盐沉淀时，为什么要用醋酸溶液来使碳酸盐沉淀溶解，而不用强酸溶液（如盐酸）？

实验八　碘化铅的制备及其溶度积常数的测定

一、实验目的

（1）巩固溶度积概念。

（2）复习离子交换法的一般原理和离子交换树脂的基本使用方法。

（3）掌握用离子交换法测定溶度积的原理，并练习滴定操作。

二、实验原理

一定温度下，难溶电解质 PbI_2 达成下列沉淀溶解平衡：

$$PbI_2 \rightleftharpoons Pb^{2+}(aq) + 2I^-(aq)$$

相关公式如下：

$$c(Pb^{2+}) = 1/2c(I^-) \tag{3-22}$$

$$K_{sp}^{\ominus} = [c(Pb^{2+})/c^{\ominus}] \cdot [c(I^-)/c^{\ominus}]^2 = 4[c(Pb^{2+})/c^{\ominus}]^3 \tag{3-23}$$

可见，知道 PbI_2 饱和溶液中 Pb^{2+} 浓度，便可求出 PbI_2 的溶度积常数。

离子交换树脂属于高分子化合物，含有能与其他物质进行离子交换的活性基团。阳离子交换树脂含有酸性基团，能与其他物质交换阳离子；阴离子交换树脂含有碱性基团，能与其他物质交换阴离子。本实验采用阳离子交换树脂，可与 PbI_2 饱和溶液中的 Pb^{2+} 进行交换，交换反应式如下：

$$2R^-H^+ + Pb^{2+} \rightleftharpoons R_2^-Pb^{2+} + 2H^+$$

整体流程：先将树脂装柱，再对一定体积的 PbI_2 饱和溶液进行过柱，过柱时，树脂上的 H^+ 与 Pb^{2+} 发生交换。交换后，Pb^{2+} 负载于树脂上，H^+ 随溶液流出，流出的 H^+ 量用标准 NaOH 溶液滴定。

$$H^+ + OH^- \rightleftharpoons H_2O$$

一个 Pb^{2+} 与两个 H^+ 进行交换，可得到流出液中 H^+ 的量，即可算出原 PbI_2 饱和液中 Pb^{2+} 的浓度。

设所取 PbI_2 饱和溶液的体积为 $V(PbI_2)$，NaOH 浓度为 $c(NaOH)$，滴定所消耗的 NaOH 体积为 $V(NaOH)$，则饱和溶液中的浓度 $c(Pb^{2+})$ 为

$$c(Pb^{2+}) = c(NaOH) \cdot V(NaOH) / 2V(PbI_2) \qquad (3-24)$$

代入溶度积计算式，即可求出 PbI_2 的溶度积。

三、实验仪器与试剂

仪器：离子交换柱（可用一支直径约为 20 mm，下口较细的玻璃管代替。下端细口处填少许玻璃棉，并连接一段乳胶管，夹上螺旋夹）、碱式滴定管（50 mL）、滴定管架、锥形瓶（100 mL、250 mL）、温度计（50℃）、烧杯、移液管（25 mL）。

试剂：NaOH 标准溶液（0.005 mol/L）、HNO_3（1 mol/L）、$Pb(NO_3)_2$（AR）、KI（AR）、强酸型离子交换树脂、溴化百里酚蓝指示剂。

四、实验步骤

（一）PbI_2 饱和溶液的配制

先用过量的 KI 溶液与 $Pb(NO_3)_2$ 溶液反应得到 PbI_2 沉淀；再对 PbI_2 沉淀进行过滤，并反复用蒸馏水洗涤，将吸附或夹带的 Pb^{2+} 除去。再次过滤，得到纯净的 PbI_2 固体。最后取过量的 PbI_2 固体，加入经煮沸除去二氧化碳的蒸馏水中，充分搅动溶解后静置 24 h，使其达到沉淀 – 溶解平衡。

（二）装 柱

装柱前，阳离子交换树脂需在蒸馏水中浸泡 24 ~ 48 h。装柱相关操作参照实验四。

（三）转 型

市场上的树脂通常属于钠型，因此离子交换前，须将钠型树脂完全转成氢型。转型方法：用 100 mL 1mol/L 的 HNO_3 以每分钟 30 ~ 40 滴的流速流过树脂，然后用蒸馏水淋洗树脂，直至淋洗液呈中性（用 pH 试纸检验）。

（四）交换和洗涤

将配好的 PbI_2 饱和溶液过滤至干净且干燥的锥形瓶中，再用移液管准确吸取 25.00 mL PbI_2 饱和溶液至小烧杯中，并分多次将其倒入离子交换柱内。将 250 mL 洁净的锥形瓶置于交换柱下方接收流出液。待 PbI_2 饱和溶

液全部流出后，再用蒸馏水淋洗树脂，直至流出液呈中性。需要注意的是，整个过程中，倒入液和流出液不能产生损失。

（五）滴　定

往锥形瓶中的流出液加入几滴溴化百里酚蓝作为指示剂，再用 0.005 mol/L 的 NaOH 标准溶液进行滴定。当 pH = 6.5 ～ 7.0，溶液由黄变为鲜艳蓝色时，即达到滴定终点，记录 NaOH 标准溶液消耗的体积。

（六）树脂的再生

交换树脂可反复使用。再生方法：用过的树脂先经蒸馏水洗涤，再用约 100 mL 1mol/L 的 HNO_3 淋洗，最后用蒸馏水洗涤至流出液为中性即可。

（七）数据处理

PbI_2 饱和溶液的温度 /℃：_____。

过柱后的 PbI_2 饱和溶液的体积 /mL：_____。

NaOH 标准溶液的浓度 /（mol·L^{-1}）：_____。

消耗 NaOH 标准溶液的体积 /mL：_____。

流出液中 H^+ 的量 /mol：_____。

饱和溶液中[Pb^{2+}] /（mol·L^{-1}）：_____。

PbI_2 的 Ksp：_____。

本实验测定 Ksp 值数量级为 10^{-9} ～ 10^{-8} 时合格。

五、注意事项

（1）需按正确的方式进行离子交换和滴定操作。

（2）过滤 PbI_2 饱和溶液时，用到的玻璃棒、漏斗等须是干净且干燥的，滤纸可用 PbI_2 饱和溶液润湿。

（3）树脂装柱的高度应约为管长的 2/3。

六、思考题

（1）树脂转型过程中，若加入的 HNO_3 不够，没有将树脂完全转成氢型，将对实验结果产生什么影响？

（2）若在交换、洗涤过程中造成流出液损失，会对实验结果产生什么影响？

实验九 弱电解质解离常数和解离度的测定

一、实验目的

（1）测定醋酸电离度和电离常数。

（2）进一步加强对电离度、电离平衡常数和弱电解质电离平衡的理解。

（3）掌握数字酸度计的使用方法。

（4）巩固滴定原理，掌握滴定操作及滴定终点的正确判断方法。

二、实验原理

醋酸（CH_3COOH 或 HAc）属于弱电解质，在水溶液中存在以下电离平衡：

$$HAc \rightleftharpoons H^+ + Ac^-$$

其平衡关系为

$$K_i = \frac{[H^+][Ac^-]}{[HAc]} \tag{3-25}$$

在纯 HAc 溶液中，$[H^+] = [Ac^-] = c\alpha$ 且 $[HAc] = c(1-\alpha)$，

则

$$\alpha = \frac{[H^+]}{c} \times 100\% \tag{3-26}$$

$$K_i = \frac{[H^+][Ac^-]}{[HAc]} = \frac{[H^+]^2}{c-[H^+]} \tag{3-27}$$

当 $a < 5\%$ 时，$c - [H^+] \approx c$，故

$$K_i = \frac{[H^+]^2}{c} \tag{3-28}$$

上式中，c代表 HAc 起始浓度；$[Ac^-]$、$[HAc]$、$[H^+]$分别代表 Ac^-、HAc、H^+ 的平衡浓度；α代表电离度；K_i 代表电离平衡常数。

根据上述关系，通过测定 HAc 溶液（已知浓度）的 pH，可得其$[H^+]$，进而计算该 HAc 溶液的 α 和 K_i。

三、实验仪器与试剂

仪器：pH 计、碱式滴定管（50 mL）、滴定管架、锥形瓶（100 mL、250 mL）、烧杯、移液管（25 mL）。

试剂：NaOH标准溶液（0.01 mol/L）、HAc（0.2 mol/L）、碘化钾（AR）、酚酞指示剂。

四、实验步骤

（一）醋酸溶液浓度的测定

以酚酞为指示剂，用已知浓度的 NaOH 标准溶液标定 HAc 的准确浓度，并将结果填入表 3-14 中。

表3-14　HAc溶液浓度的标定

测定序号		Ⅰ	Ⅱ	Ⅲ
NaOH 溶液的浓度 /（mol·L⁻¹）				
HAc 溶液的用量 /mL				
NaOH 溶液的用量 /mL				
HAc 溶液的浓度 /（mol·L⁻¹）	测定值			
	平均值			

（二）配制不同浓度的 HAc 溶液

用移液管和吸量管分别吸取 2.50 mL、5.00 mL、25.00 mL 已知准确浓度的 HAc 溶液，分别置于 3 个 50 mL 容量瓶中，再用蒸馏水稀释至刻度，摇匀，并计算出 3 个容量瓶中 HAc 溶液的准确浓度。

（三）测定醋酸溶液的 pH 及计算其电离度和电离平衡常数

将上述 4 种不同浓度的 HAc 溶液分别置于 4 个洁净且干燥的烧杯（50 mL）中，按浓度从稀到浓，依次用 pH 计测出四者的 pH，并记录数据及室温。计算电离度和电离平衡常数，并将有关数据填入表 3-15。

表3-15 不同浓度 HAc 溶液的 pH 及电离度、电离平衡常数 温度____℃

溶液编号	c/（mol/L）	pH	$[H^+]$/（mol/L）	α	电离平衡常数 K	
					测定值	平均值
1						
2						
3						
4						

本实验测定的 K 在 $1.0 \times 10^{-5} \sim 2.0 \times 10^{-5}$ 内合格（25 ℃条件下的文献值为 1.76×10^{-5}）。

五、注意事项

（1）实验中用到的移液管、滴定管、吸量管、容量瓶及 pH 计，都须按照已介绍的相关操作规程使用。

（2）容量瓶操作应注意，接近所需刻度时，须逐滴加入蒸馏水，以确保配成的 HAc 溶液浓度准确。

（3）不同浓度 HAc 溶液的配制，所用的烧杯（100 mL）须干净且干燥，以免浓度发生改变。

（4）测量时，液面不能太低，须完全覆盖玻璃电极，否则将增大测量误差。

六、思考题

（1）烧杯为什么必须烘干？还有其他干燥烧杯的方法吗？

（2）实验过程中，为什么要按 HAc 溶液浓度从稀到浓测定其 pH？

（3）若 HAc 浓度极低且电离度 $> 5\%$，还能用 $K_i = \dfrac{[H^+]^2}{c}$ 来计算其电离平衡常数吗？说明原因。

（4）改变所测 HAc 溶液的浓度或温度，其电离度和电离常数会有何变化？

（5）下列情况能否用 $K_i = \dfrac{[H^+]^2}{c}$ 求电离常数？假设溶液体积不变。

① HAc 溶液中加入一定量的固体 NaAc。

② HCl 溶液中加入一定量的固体 NaAc。

（6）将 NaOH 标准溶液装入碱式滴定管，对待测 HAc 溶液进行滴定。若滴定过程中存在以下情况，会对滴定结果造成什么影响？

①滴定时，滴定管下端有气泡产生。

②滴定接近终点时，锥形瓶内壁没有用蒸馏水冲洗。

③滴定结束后，滴定管尖端处悬挂液滴。

④滴定时，滴定管活塞处渗漏出滴定液。

实验十　化学反应速率、反应级数及活化能测定

一、实验目的

（1）通过实验了解温度、浓度和催化剂对化学反应速率的影响。

（2）加深对活化能的理解，并掌握根据实验数据作图求活化能的方法。

（3）练习在水浴中保持恒温的操作。

（4）掌握测定化学反应的反应速率，计算一定温度下的反应级数、反应速率常数和反应的活化能的方法。

二、实验原理

（一）化学反应速率测定

碘化钾和过二硫酸铵在水溶液中会发生如下反应：

$$(NH_4)_2 S_2 O_8 + 3KI \Longrightarrow (NH_4)_2 SO_4 + K_2 SO_4 + KI_3$$

$$S_2 O_8^{2-} + 3I^- \Longrightarrow 2SO_4^{2-} + I_3^-$$

其反应速率方程可表示为

$$v = k c_{S_2 O_8^{2-}}^m c_{I^-}^n \qquad (3-29)$$

上式中，v 为此条件下反应的瞬时速率。若 $c_{S_2O_8^{2-}}$、c_{I^-} 是起始浓度，则 v 为初速率（v_0）。k 为反应速率常数，$m+n$ 为反应级数。

化学反应速率的定义式为

$$v = -\frac{dc_{S_2O_8^{2-}}}{dt} \tag{3-30}$$

一段时间间隔（Δt）内反应的平均速率为 $\bar{v}$。如果在 Δt 时间内 $S_2O_8^{2-}$ 浓度的改变为 $\Delta c_{S_2O_8^{2-}}$，则平均速率

$$\bar{v} = \frac{-\Delta c_{S_2O_8^{2-}}}{\Delta t} \tag{3-31}$$

此平均速率可通过实验测定，当 $\Delta t \to 0$ 时，可近似地用平均速率代替初速率：

$$v_0 = kc_{S_2O_8^{2-}}^m c_{I^-}^n = \frac{-\Delta c_{S_2O_8^{2-}}}{\Delta t} = \frac{c_{S_2O_8^{2-}}^t - c_{S_2O_8^{2-}}^0}{t-0} \tag{3-32}$$

研究发现，反应 $2S_2O_3^{2-} + I_3^- = S_4O_6^{2-} + 3I^-$ 进行得非常快，几乎瞬间完成。

若混合 $(NH_4)_2S_2O_8$ 和 KI 溶液的同时，加入一定体积已知浓度 $Na_2S_2O_3$ 溶液和淀粉溶液，这样可使上述两个反应同时进行。第一个反应进行的速度明显比第二个反应慢，即第一个反应生成的 I_3^- 立即与 $S_2O_3^{2-}$ 反应，生成无色的 $S_4O_6^{2-}$ 和 I^-。因此，反应的初始阶段溶液无色，当 $Na_2S_2O_3$ 耗尽时，第一个反应继续生成 I_3^- 并与淀粉反应，从而使溶液呈现特有的蓝色（I_3^- 可写成 $I_2 \cdot I^-$ 形式）。

从开始反应到溶液呈蓝色，标志着 $S_2O_3^{2-}$ 浓度从初始浓度逐渐耗为 0，因此，从开始反应到出现蓝色这段时间 Δt（从 0 到 t）里，$S_2O_3^{2-}$ 浓度的改变 $\Delta c_{S_2O_8^{2-}}$ 实为 $Na_2S_2O_3$ 的初始浓度。

根据两个反应式可知，$S_2O_8^{2-}$ 的化学计量数为 $S_2O_3^{2-}$ 的一半，所以 $S_2O_8^{2-}$ 在 Δt 时间内减少的量为

$$\Delta c_{S_2O_8^{2-}} = \frac{c_{S_2O_3^{2-}}^0}{2} \tag{3-33}$$

要想测出 KI 和 NH_3 发生反应的初速率v_0，只需测出溶液从开始反应到变蓝的时间 t 即可。

（二）反应级数的测定

将反应速率表示式 $v = kc_{S_2O_8^{2-}}^m c_{I^-}^n$ 两边取对数：

$$\lg v = m\lg c_{S_2O_8^{2-}} + \lg c_{I^-} + \lg k \tag{3-34}$$

$c_{S_2O_8^{2-}}^0$、$c_{I^-}^0$ 保持不变（实验 I、II、III），改变 $c_{S_2O_8^{2-}}^0$，以 $\lg v$ 对 $\lg c_{S_2O_8^{2-}}^0$ 作图，可得一直线，斜率为 m。同理，当 $c_{S_2O_8^{2-}}^0$ 不变时（实验 I、IV、V），以 $\lg v$ 对 $\lg c_{I^-}^0$ 作图，可求得 n，此反应的级数则为 $m+n$。

（三）活化能的测定

根据阿伦尼乌斯公式：$k = Ae^{-E_a/RT}$，两边取对数：

$$\lg k = \lg A + \frac{-E_a}{2.303RT} \tag{3-35}$$

E_a 为反应的活化能（只跟温度和催化剂有关），保持 $c_{S_2O_8^{2-}}^0$、$c_{I^-}^0$ 不变，于不同温度下测定反应的时间间隔（Δt），计算得到不同温度下的初速率 v，代入 $v = kc_{S_2O_8^{2-}}^m c_{I^-}^n$ 求得各温度下的 k，以 $\lg k$ 对 $1/T$ 作图，斜率为 $\dfrac{-E_a}{2.303R}$，进而算得该反应活化能。

三、实验仪器与试剂

仪器：烧杯、大试管、量筒、秒表、温度计。

试剂：0.20 mol/L 的 $(NH_4)_2S_2O_8$、KI、$Na_2S_2O_3$、KNO_3、$(NH_4)_2SO_4$、$Cu(NO_3)_2$、0.2% 的淀粉溶液、冰。

四、实验步骤

（一）浓度对化学反应速率的影响

参照表 3-16 编号 I 给出的试剂用量，先用量筒量取 20.0 mL 0.20 mol/L 的 KI 溶液、8.0 mL 0.010 mol/L 的 $Na_2S_2O_3$ 溶液及 2.0 mL 0.4% 的淀粉溶液，将其全部置于烧杯混匀。然后另取一量筒，量取 20.0 mL 0.20 mol/L 的 $(NH_4)_2S_2O_8$ 溶液至上述混合液中，同时开始计时，并不断搅动（磁力搅拌，后面的实验都固定同一个转速）。当溶液呈现蓝色时，立即停止计时，记录反应时间及室温。

参照表3-16给出的试剂用量，采用上述相同的实验步骤进行编号Ⅱ、Ⅲ、Ⅳ、Ⅴ实验。

表3-16　浓度对反应速率的影响　温度____℃

实验编号		Ⅰ	Ⅱ	Ⅲ	Ⅳ	Ⅴ
试剂用量 /mL	0.20 mol/L 的 $(NH_4)_2S_2O_8$	20.0	10.0	5.0	20.0	20.0
	0.20 mol/L 的 KI	20.0	20.0	20.0	10.0	5.0
	0.010 mol/L 的 $Na_2S_2O_3$	8.0	8.0	8.0	8.0	8.0
	0.2% 的淀粉溶液	2.0	2.0	2.0	2.0	2.0
	0.20 mol/L 的 KNO_3	0	0	0	10.0	15.0
	0.20 mol/L 的 $(NH_4)_2SO_4$	0	10.0	15.0	0	0
混合液中反应物的起始浓度 / （$mol·L^{-1}$）	$(NH_4)_2S_2O_8$					
	KI					
	$Na_2S_2O_3$					
反应时间 $\Delta t / s$						
$S_2O_8^{2-}$的浓度变化 $\Delta c_{S_2O_8^{2-}} /$（mol/L）						
反应速率 v						

（二）温度对化学反应速率的影响

参照表3-16编号Ⅳ实验给出的试剂用量，将装有 KI、$Na_2S_2O_3$、KNO_3、淀粉混合溶液的烧杯及装有 $(NH_4)_2S_2O_8$ 溶液的小烧杯，放入冰水浴中冷却，待其温度冷至低于室温 10 ℃时，将 $(NH_4)S_2O_8$ 溶液迅速加入 KI 等混合溶液中，同时计时并不断搅动，当溶液呈现蓝色时，停止计时并记录反应时间，将实验编号记为Ⅵ。

采用相同方法在热水浴中进行高于室温 10 ℃的实验。将实验编号记为Ⅶ。

将Ⅳ、Ⅵ、Ⅶ实验的数据记入表 3-17。

表3-17　温度对化学反应速率的影响

实验编号	Ⅳ	Ⅵ	Ⅶ
反应温度 t /℃			
反应时间 Δt /s			
反应速率 v			
反应速率常数 k			
$\lg k$			
1/T			
活化能 E_a /（kJ·mol⁻¹）			

本实验活化能测定值的误差不超过 10%（文献值：51.8 kJ/mol）。

（三）催化剂对化学反应速率的影响

参照表 3-16 编号Ⅳ实验给出的试剂用量，将 KI、$Na_2S_2O_3$、KNO_3、淀粉溶液置于烧杯（150 mL）中，再加入 2 滴 0.02 mol/L 的 $Cu(NO_3)_2$ 溶液，搅匀，然后迅速加入过二硫酸铵溶液，搅动并计时。将此实验的反应速率与表 3-16 中Ⅳ实验的反应速率进行定性比较，得出相关结论。

五、注意事项

（1）量筒须根据实际试剂的用量来选择，装试剂的量筒不能混用。

（2）测定温度对反应速率的影响时，两管试剂的温度必须一致，混合后立即计时。

（3）应使用坐标纸作图，图表绘制应规范。

（4）做温度对化学反应速率影响的实验时，若室温太低（如冬季），可将实验温度设为室温、高于室温 10 ℃、高于室温 20 ℃ 3 种情况进行。

六、思考题

（1）若反应速度常数不用 $S_2O_3^{2-}$ 表示，改用 I_3^- 或 I^- 的浓度变化表示，则会有什么变化？

（2）在实验Ⅱ、Ⅲ、Ⅳ、Ⅴ中，加入 KNO_3 或 $(NH_4)_2SO_4$ 溶液的作用是什么？

（3）若取用试剂的量筒没有分开专用，加了 $(NH_4)_2S_2O_8$ 溶液后再加 KI 溶液、将 $(NH_4)_2S_2O_8$ 溶液缓慢加入混合溶液中，这些分别会对实验结果产生什么影响？

实验十一　氧化还原反应

一、实验目的

（1）学会原电池的装配及伏特计的使用。

（2）掌握电极的本性、电对的氧化型或还原型物质的浓度、介质的酸度等因素对电极电势、氧化还原反应的方向、产物、速率的影响。

（3）通过实验深入了解化学电池电动势的本质。

二、实验原理

（一）原电池电动势

对于反应 $aA+bB \rightleftharpoons cC+dD$，其原电池电动势如下：

$$E = E^{\ominus} - \frac{0.0592}{n}\lg\frac{[C]^c[D]^d}{[A]^a[B]^b} \tag{3-36}$$

$$E = \varphi_+ - \varphi_- \tag{3-37}$$

（二）电极电势

（1）一般电对：

$$\varphi = \varphi^{\ominus} + \frac{0.0592}{n}\lg\frac{[氧化型]}{[还原型]} \tag{3-38}$$

（2）配合物电对：

$$\varphi = \varphi_{MLn/M}^{\ominus} - \frac{0.059\,2}{n}\lg K \qquad\qquad （3\text{-}39）$$

（三）氧化还原反应方向判断

$E > 0$，反应正向进行。

$E < 0$，反应逆向进行。

三、实验仪器与试剂

仪器：试管、离心试管、U 形管、烧杯、表面皿、伏特计、电极片（锌片、铜片）、滤纸、酚酞试纸、石蕊试纸、砂纸、回形针、导线。

试　剂：$CuSO_4$（1 mol/L、0.01 mol/L）、KI（0.01 mol/L）、KBr（0.01 mol/L）、$FeCl_3$（0.01 mol/L）、$Fe_2（SO_4）_3$（0.01 mol/L）、Sb^{2+}（0.01 mol/L）、H_2SO_4（0.01 mol/L）、$ZnSO_4$（0.01 mol/L）、$FeSO_4$（0.01 mol/L）、浓 HNO_3（2 mol/L）、HAc（6 mol/L）、40%NaOH（6 mol/L）、$KMnO_4$（0.01 mol/L）、浓 HCl、$NH_3 \cdot H_2O$、饱和 KCl、氯水、0.4% 的淀粉溶液、CCl_4、溴水、酚酞指示剂、琼脂、氟化铵（AR）、碘水。

四、实验步骤

（一）氧化还原反应和电极电势

（1）将 10 滴 0.1 mol/L 的 KI 溶液和 2 滴 0.1 mol/L 的 $FeCl_3$ 溶液置于试管中，摇匀后再加入 1 mL CCl_4，充分振荡后观察 CCl_4 层颜色的变化。

（2）将 10 滴 0.1 mol/L 的 KBr 溶液和 2 滴 0.1 mol/L 的 $FeCl_3$ 溶液置于试管中，摇匀后再加入 1 mL CCl_4，充分振荡后观察 CCl_4 层颜色的变化。

（3）分别向两支试管中加入 3 滴碘水、溴水，然后加入 0.5 mL 0.1 mol/L 的 $FeSO_4$ 溶液，摇匀后再加入 0.5 mL CCl_4，充分振荡后观察 CCl_4 层的变化。

据以上实验结果，定性比较 Br_2/Br^-、I_2/I^-、Fe^{3+}/Fe^{2+} 3 个电对电极电势的大小。

（二）浓度对电极电势的影响

（1）取两只小烧杯，1 只加入约 30 mL 1 mol/L 的 $ZnSO_4$ 溶液并插入锌片。另取 1 只加入约 30 mL 1 mol/L 的 $CuSO_4$ 并插入铜片。用盐桥连接两只烧杯，组成一个原电池。再用导线将锌片和铜片分别与伏特计（或酸度计）的正、负极相接，测定两极之间的电压（图3-10）。具体操作步骤如图3-10所示。

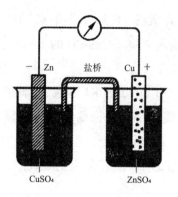

图 3-10　Cu-Zn 原电池

具体操作步骤如下。

① 向 $CuSO_4$ 溶液中注入浓氨水至生成的沉淀溶解，得到深蓝色溶液，测量其电压，观察电压变化。反应式如下：

$$Cu^{2+}+4NH_3 \rightleftharpoons [Cu(NH_3)_4]^{2+}$$

② 再向 $ZnSO_4$ 溶液中加入浓氨水至生成的沉淀完全溶解，测量其电压，观察电压变化。反应式如下：

$$Zn^{2+}+4NH_3 \rightleftharpoons [Zn(NH_3)_4]^{2+}$$

试着用 Nernst 方程式解释其实验现象。

（2）设计并测定下列浓差电池电动势，计算该电池的理论电势，将实测验值与理论值进行比较。

$$Cu| CuSO_4（0.01 \text{ mol/L}）|| CuSO_4（1 \text{ mol/L}）| Cu$$

在浓差电池两极各连一个回形针。将1小块滤纸置于表面皿上，两极的回形针相距1 mm压在滤纸上，然后在滤纸上滴加1 mol/L的 Na_2SO_4 溶液，使滤纸完全湿润，再加入2滴酚酞。等待约5 min，观察两个回形针哪端出现红色。

（三）酸度和浓度对氧化还原反应的影响

1. 酸度的影响

（1）在 3 支试管中各加入 0.5 mL 0.1 mol/L 的 Na_2SO_3 溶液，然后分别加入 0.5 mL 1 mol/L 的 H_2SO_4 溶液、0.5 mL 蒸馏水、0.5 mL 6 mol/L 的 NaOH 溶液，振荡均匀后，再各滴入 2 滴 0.1 mol/L 的 $KMnO_4$ 溶液，观察各试管溶液颜色变化，并写出相应的反应式。

（2）依次将 0.5 mL 0.1 mol/L 的 KI 溶液、2 滴 0.1 mol/L 的 KIO_3 溶液置于试管中，再加入几滴淀粉溶液，振荡均匀，观察溶液颜色变化。然后再加入 2 ～ 3 滴 1 mol/L 的 H_2SO_4 溶液，振荡均匀，观察溶液变化，最后再滴加 2 ～ 3 滴 6 mol/L 的 NaOH，使混合液变成碱性，观察溶液变化，写出上述变化相关的反应式。

2. 浓度的影响

（1）依次将 0.5 mL H_2O、CCl_4 和 0.1 mol/L 的 $Fe_2(SO_4)_3$ 置于 1 支试管中，振荡均匀后再加入 0.5 mL 0.1 mol/L 的 KI 溶液，振荡均匀后观察 CCl_4 层的颜色。将制成的溶液存放好备用。

（2）依次将 0.5 mL CCl_4、1 mol/L 的 $FeSO_4$ 和 0.1 mol/L 的 $Fe_2(SO_4)_3$ 置于另一支试管中，再加入 0.5 mL 0.1 mol/L 的 KI 溶液，振荡均匀后观察 CCl_4 层的颜色。

比较上述两个实验中 CCl_4 层的颜色区别。

（3）将少许 NH_4F 固体置于实验（1）的试管中，振荡均匀后观察 CCl_4 层的颜色变化。

根据上述实验（1）（2）（3）说明氧化剂浓度对氧化还原反应的影响。

（四）酸度对氧化还原反应速率的影响

取两支试管，各盛装 0.5 mL 0.1 mol/L 的 KBr 溶液，然后一支加入 0.5 mL 1 mol/L 的 H_2SO_4，另一支加入 0.5 mL 6 mol/L 的 HAc 溶液，最后两支试管各加入 0.01 mol/L 的 $KMnO_4$ 溶液，观察两支试管溶液颜色变化的速度，分别写出相关的化学反应方程式，并说明溶液的酸碱度对氧化还原反应的影响。

（五）不同溶液中物质的氧化还原性

（1）依次将 0.5 mL 0.1 mol/L 的 KI、3 滴 1 mol/L 的 H_2SO_4 置于 1 支试管中，振荡均匀后加入 2 滴 3% 的 H_2O_2，观察溶液颜色变化。

（2）将 2 滴 0.01 mol/L 的 $KMnO_4$ 溶液置于试管中，然后加入 3 滴 1 mol/L 的 H_2SO_4 溶液，振荡均匀后再滴加 2 滴 3% 的 H_2O_2，观察溶液颜色变化。

五、注意事项

（1）试剂取用和试管使用等操作需严格按其操作规程进行。

（2）使用伏特计时，原电池正、负极须分别与伏特计的正、负极相连接，读数时要注意所选量程。

（3）必须在通风橱中进行浓氨水、溴水、碘水、四氯化碳的滴加。

（4）用作电极的锌片、铜片需用砂纸打磨并用去离子水冲洗干净，以免增大电阻。

六、思考题

（1）试从电极电势的角度解释 H_2O_2 为什么既具有还原性，又具有氧化性？

（2）适量氯水分别与 KBr、KI 溶液反应，并加入 CCl_4，推测 CCl_4 层颜色的变化。

（3）浓差电池作电源电解 Na_2SO_4 水溶液，实质是什么被电解？能使酚酞变红色的一极是什么极？

（4）酸度对 Cl_2/Cl^-、Br_2/Br^-、I_2/I^-、Fe^{3+}/Fe^{2+}、Cu^{2+}/Cu、Zn^{2+}/Zn 电对的电极电势会产生什么影响？说明原因。

（5）根据以上实验结果讨论氧化还原反应和哪些因素有关？

（6）金属钠能否通过电解 Na_2SO_4 溶液得到？说明原因。

（7）浓差电池的概念。写出实验二（2）电池符号及电池反应式，并计算其电池的电动势。

实验十二   胆矾的制备及杂质铁含量分析

一、实验目的

（1）了解金属与酸作用制备盐的方法。

（2）了解产品纯度检验的原理及方法。

（3）掌握并巩固加热、倾注、减压过滤、结晶及重结晶等基本操作。

二、实验原理

$CuSO_4 \cdot 5H_2O$ 俗称胆矾、蓝矾或孔雀石，为蓝色透明三斜晶体，在空气中会缓慢风化。易溶于水，难溶于无水乙醇。加热时可逐步失水，当加热至 258 ℃时失去全部结晶水，成为白色的无水 $CuSO_4$。无水 $CuSO_4$ 易吸水变蓝，此特性可用来检验某些液态有机物中含有的微量水。$CuSO_4 \cdot 5H_2O$ 用途广泛，是多种化工过程的原料，其生产方式多样，按原料可分为电解液法、废铜法、氧化铜法、白冰铜法、二氧化硫法。

工业上常用电解液法生产 $CuSO_4 \cdot 5H_2O$，方法是将电解液与铜粉反应后，经冷却结晶，分离，再干燥而制得。单质铜化学性质不活泼，不能溶于非氧化性酸。本实验以废铜屑与硫酸、浓硝酸作用来制备 $CuSO_4$，其中，浓硝酸作氧化剂。反应式如下：

$$Cu + 2HNO_3 + H_2SO_4 \longrightarrow CuSO_4 + 2NO_2\uparrow + 2H_2O$$

反应过程中除生成 $CuSO_4$ 外，还生成一定量的 $Cu(NO_3)_2$，溶液中还含有一些可溶性或不溶性杂质。不溶性杂质可经过滤去除。而 $Cu(NO_3)_2$ 与 $CuSO_4$ 在水中的溶解度不同（表 3-18），据此可将 $CuSO_4$ 分离出来。

表3-18 CuSO₄和Cu(NO₃)₂在水中的溶解度

单位：g/100 g 水

盐	溶解度				
	0 ℃	20 ℃	40 ℃	60 ℃	80 ℃
$CuSO_4 \cdot 5H_2O$	23.3	32.3	46.2	61.1	83.8
$Cu(NO_3)_2 \cdot 6H_2O$	81.8	125.1			
$Cu(NO_3)_2 \cdot 3H_2O$			160	178.5	208

表 3-18 数据显示，无论温度高低，$Cu(NO_3)_2$ 在水中的溶解度都远大于 $CuSO_4$。因此，当热溶液冷却到一定温度时，$CuSO_4$ 会先达到过饱和并开始从溶液中结晶析出，随着温度的持续下降，$CuSO_4$ 不断从溶液中析出，而 $Cu(NO_3)_2$ 大部分留在溶液中，小部分随$CuSO_4$ 析出。析出的小部分 $Cu(NO_3)_2$ 和其他一些可溶性杂质，再通过重结晶的方法除去，最终制备出纯 $CuSO_4 \cdot 5H_2O$。

三、实验仪器与试剂

仪器：天平、蒸发皿、表面皿、布氏漏斗、吸滤瓶、滴管、酒精灯、水浴浴锅、量筒（10 mL、100 mL）、烧杯（100 mL、250 mL）、泥三角、铁坩埚、干燥器、铁架台、铁圈、真空泵。

试剂：1mol/L 的 HNO_3 及 H_2SO_4，2 mol/L 的 HCl、$NH_3 \cdot H_2O$，3 mol/L 的 H_2SO_4，6 mol/L 的 $NH_3 \cdot H_2O$，浓 HNO_3（AR），3% 的 H_2O_2，铜片。

四、实验步骤

（一）铜片的净化

称 3 g 碎铜片置于干燥的蒸发皿中，然后加入 7 mL 1mol/L 的 HNO_3 溶液，小火加热，洗去铜片上的污物（如油脂、氧化物等，但不可加热太久，以免铜过多溶解于稀 HNO_3 影响产率）。倒去酸液后用水洗净铜片。

（二）$CuSO_4 \cdot 5H_2O$ 的制备

向盛有铜片的蒸发皿中加入 12 mL 3 mol/L 的 H_2SO_4，水浴加热，温热后，分多次缓慢加入 5 mL 浓 HNO_3（因反应过程中会产生大量有毒的 NO_2 气体，操作应在通风橱进行）。待反应缓和后，盖上表面皿，水浴继续加热至铜片几乎完全溶解（加热过程中需要补加 6 mL 3mol/L 的 H_2SO_4 和 1.5 mL 浓 HNO_3）。

趁热抽滤，用 5 mL 蒸馏水分两次洗涤滤纸。将滤液转入洗净的蒸发皿，于水浴中缓慢加热，不断搅拌，浓缩至表面出现晶膜。取下蒸发皿，使溶液逐渐冷却，析出结晶，冷至室温后减压过滤，得到 $CuSO_4 \cdot 5H_2O$ 粗品，用滤纸吸干产品。

称其粗品质量，计算产率（以湿品计算，应不少于 85%）。

产品质量 /g：_____。

理论产量 /g：_____。

产率 /%：_____。

（三）重结晶提纯 $CuSO_4 \cdot 5H_2O$

称 1 g 上述所制的粗 $CuSO_4 \cdot 5H_2O$ 晶体做分析样品备用。

剩余的粗 $CuSO_4 \cdot 5H_2O$ 置于小烧杯中，按 $CuSO_4 \cdot 5H_2O : H_2O = 1 : 2$ 的比例（质量比）加入纯水并加热溶解。滴加 2 mL 3% 的 H_2O_2 并加热溶液，同时滴加 2 mol/L 的 $NH_3 \cdot H_2O$，直至溶液呈深蓝色，溶液 pH=4～5 时，再加热 3 min，使生成的 $Fe(OH)_3$ 及其他不溶物沉降。

溶液抽滤，用 5 mL 蒸馏水分两次洗涤滤纸，将滤液转入洁净的蒸发皿中并滴加 1 mol/L 的 H_2SO_4 溶液，调节 pH 至 1～2，然后在泥三角上加热、蒸发、浓缩至液面出现晶膜，移开酒精灯，自然冷却。减压过滤（尽量抽干），取出结晶产品并置于两张滤纸中挤压吸干水分，得到精品 $CuSO_4 \cdot 5H_2O$。称其质量，计算回收率。

产品质量 /g：_____。

回收率 /%：_____。

（四）$CuSO_4 \cdot 5H_2O$ 纯度检查

（1）将之前备用的 1 g 粗 $CuSO_4 \cdot 5H_2O$ 晶体置于小烧杯中，加入 10 mL 蒸馏水溶解，然后加入 1 mol/L 的 H_2SO_4 酸化，再加 2 mL 3% 的 H_2O_2 后煮沸片刻，使 Fe^{2+} 氧化为 Fe^{3+}。移开热源，待溶液冷却后边搅拌边滴加 6 mol/L

的 $NH_3 \cdot H_2O$，直至最初生成的蓝色沉淀完全溶解，溶液呈深蓝色。溶液中的 Fe^{3+} 成为 $Fe(OH)_3$ 沉淀，而 Cu^{2+} 则生成 $[Cu(NH_3)_4]^{2+}$ 继续留在溶液中。

将此溶液进行减压过滤，用滴管吸取 6 mol/L 的 $NH_3 \cdot H_2O$ 洗涤滤纸至蓝色消失，用少量蒸馏水冲洗后再抽干。此时滤纸上留下黄色 $Fe(OH)_3$ 沉淀，弃去滤液后将抽滤瓶洗净。

用滴管吸取 3 mL 2 mol/L 的热 HCl 溶液，并逐滴滴于滤纸上，直至 $Fe(OH)_3$ 沉淀完全溶解，然后进行减压过滤，将滤液转入洁净试管中。再加 2 滴 1 mol/L 的 KSCN 溶液于滤液中，并加水稀释至 5 mL，观察血红色配合物的产生，并保留此液。

（2）称 1 g 提纯过的 $CuSO_4 \cdot 5H_2O$ 晶体，重复步骤（1）的操作，根据两种溶液血红色的深浅，确定产品的纯度。

五、注意事项

（1）实验过程中的相关操作均须严格按操作规程进行，如固体的溶解、蒸发、结晶、重结晶、过滤、固液分离、沙浴加热、研钵的使用、干燥器的准备和使用等。

（2）加热浓缩至表面出现晶膜时须及时停止加热。

（3）用 $NH_3 \cdot H_2O$ 洗涤滤纸时，须使蓝色全部消失，否则 $[Cu(NH_3)_4]^{2+}$ 会与 Fe^{3+} 一起进入试管，遇大量 SCN^- 生成黑色 $Cu(SCN)_2$ 沉淀从而影响检验结果，反应式如下：

$$Cu^{2+} + 2SCN^- \rule[0.5ex]{2em}{0.4pt} Cu(SCN)_2 \downarrow （黑色）$$

六、思考题

（1）精制的 $CuSO_4$ 溶液为什么要调节 pH = 1，使其呈强酸性？

（2）制备 $CuSO_4 \cdot 5H_2O$ 时，加入少量浓 HNO_3 的原因是什么？浓 HNO_3 为什么要分多次缓慢加入？

（3）蒸发、结晶制备 $CuSO_4 \cdot 5H_2O$ 时，为什么刚出现晶膜就要停止加热，能把溶液蒸干吗？

（4）粗 $CuSO_4$ 溶液中，Fe^{2+} 杂质为什么要氧化为 Fe^{3+} 后再除去？为什么要调节溶液的 pH=4 ~ 5？ pH 太大或太小会产生什么影响？

实验十三　胆矾结晶水的测定

一、实验目的

（1）了解结晶水合物中结晶水含量的测定原理和方法。

（2）进一步熟悉分析天平的使用方法。

（3）学会研钵、干燥器等仪器的使用及沙浴加热的操作。

（4）掌握恒重的概念及其基本操作方法。

二、实验原理

很多离子型的盐从水溶液中析出时，常含有一定量的结晶水（或称水合水）。结晶水与盐类结合较牢固，但受热至一定温度时，会脱去部分甚至全部结晶水。不同温度条件下的 $CuSO_4 \cdot 5H_2O$ 晶体会按下列反应逐步脱水：

$$CuSO_4 \cdot 5H_2O \xrightarrow{48\,℃} CuSO_4 \cdot 3H_2O + 2H_2O$$

$$CuSO_4 \cdot 3H_2O \xrightarrow{99\,℃} CuSO_4 \cdot H_2O + 2H_2O$$

$$CuSO_4 \cdot H_2O \xrightarrow{218\,℃} CuSO_4 + H_2O$$

因此，由于这类结晶水合物（不含吸附水）在脱水过程中不会发生分解，其结晶水的测定可按如下步骤进行：先将一坩埚灼烧至恒重，然后将一定量的结晶水合物置于其中，加热脱水（加热至较高温度，但不至于使其分解）；再把坩埚置于干燥器中，冷却至室温；最后取出并用分析天平称重。失水质量为高温加热前后的质量差，据此算出该结晶水合物所含结晶水的质量分数，进而算出该盐每摩尔含结晶水的物质的量，从而确定结晶水合物的化学式。

对同一物质进行若干次称量，当最后两次称量值的差 ≤ 1 mg 时，则称该物质已恒重。

三、实验仪器、试剂与材料

仪器：酒精灯、坩埚、坩埚钳、沙浴锅、泥三角、干燥器、铁架台、铁圈、温度计（300 ℃）、分析天平。

试剂：$CuSO_4 \cdot 5H_2O$（AR）。

四、实验步骤

（一）恒重坩埚

将干净的坩埚、坩埚盖置于泥三角上小火烘干，再用氧化焰烧至红热。然后将坩埚温度冷却至略高于室温，再用干净的坩埚钳将其移入干燥器中，冷却至室温（注意：热坩埚放入干燥器后，须在短时间内打开干燥器盖子 1～2 次，以免造成内部压力降低，盖子难以打开）后用分析天平进行首次称量。

接着再次用氧化焰将坩埚烧至红热，并重复上述操作，对其进行二次称量。对坩埚进行重复灼烧、冷却、称量等操作，直至最后两次恒重。

（二）水合硫酸铜脱水

（1）将 1.0～1.2 g 研细的水合 $CuSO_4$ 晶体置于已恒重的坩埚中，并用分析天平称出其总质量。总质量－已恒重坩埚的质量（已知）＝水合 $CuSO_4$ 质量。

（2）准备一个具有内置热电偶的沙浴锅，将温度设定为 320 ℃，预先加热使温度达到设定温度。称量 1.2 g 左右的水合 $CuSO_4$ 晶体装入上一步已恒重的坩埚中，并将坩埚买入沙浴锅内（用坩埚钳刨个坑，将坩埚的 3/4 体积埋入沙内）。加热脱水，当水合 $CuSO_4$ 晶体粉末由蓝色全变为白色时（15～20 min），取出稍微冷却。然后将坩埚置于干燥器中，冷至室温。用滤纸擦去坩埚外壁的沙子，再用分析天平称量坩埚和粉末的总质量。

接着将装有脱水 $CuSO_4$ 的坩埚置于沙浴锅中进行脱水（大约 10 min），再用干净的坩埚钳将其置于干燥器中，冷却至室温后用分析天平进行二次称量。

将装有脱水 $CuSO_4$ 的坩埚进行重复脱水、冷却、称量等操作，直至最后两次恒重，最后算出脱水后 $CuSO_4$ 的质量。实验完成后，无水 $CuSO_4$ 须倒入回收瓶中。

（三）数据记录与处理

将实验所得数据对应填入表 3-19 中。根据实验数据计算各物质的量的 $CuSO_4$ 中所结合的结晶水的物质的量（计算结果四舍五入取整数）。确定水合 $CuSO_4$ 的化学式。

表3-19   恒重坩埚及加热后坩埚并无水 $CuSO_4$ 质量

空坩埚质量 /g			（空坩埚 + $CuSO_4 \cdot 5H_2O$ 的质量）/g	（脱水后坩埚 + $CuSO_4 \cdot 5H_2O$ 质量）/g		
第 $n-1$ 次	第 n 次	平均值		第 $n-1$ 次	第 n 次	平均值

$CuSO_4 \cdot 5H_2O$ 的质量 $m_1 =$ _____。

$CuSO_4 \cdot 5H_2O$ 的物质的量 $= m_1 / 249.7 \ (g / mol) =$ _____。

无水硫酸铜的质量 $m_2 =$ _____。

$CuSO_4$ 的物质的量 $= m_2 / 159.6 \ (g / mol) =$ _____。

结晶水的质量 $m_3 =$ _____。

结晶水的物质的量 $= m_3 / 18.0 \ (g / mol) =$ _____。

每物质的量的 $CuSO_4$ 的结合水 _____。

水合 $CuSO_4$ 的化学式为 _____。

五、注意事项

（1）分析天平的使用等操作需严格按照操作规程进行。

（2）$CuSO_4 \cdot 5H_2O$ 的用量最好不要超过 1.2 g，须将大颗粒 $CuSO_4 \cdot 5H_2O$ 用研钵研碎。

（3）加热脱水须完全，晶体不能是浅蓝色，须完全变为灰白色。

（4）恒重一定是最后两次的差小于 1 mg，未达标需重复多次。

六、思考题

（1）测定胆矾结晶水时，为什么用沙浴加热，并将温度控制在 280 ℃ 左右？

（2）加热后的坩埚未冷却至室温，能否进行称量？为什么要将加热后的热坩埚置于干燥器内冷却？

（3）为什么要用煤气灯氧化焰高温灼烧坩埚，而不用还原焰进行加热？

实验十四　配合物的生成与性质

一、实验目的

（1）了解有关配合物/配离子的生成与性质。

（2）熟悉不稳定常数、稳定常数的意义。

（3）理解掩蔽效应的概念，学会利用配合物的掩蔽效应来鉴别离子。

二、实验原理

一般过渡金属原子或离子可与一定数目的分子或阴离子通过配位键的形式结合而形成配位个体。带有电荷的配位个体称为配离子，带正电荷称配阳离子，带负电荷称配阴离子。配离子与带有相同数目的相反电荷的离子组成配位化合物，简称配合物。

简单金属离子形成配离子后，其颜色、溶解性、氧化还原性、酸碱性等性质通常会发生明显改变。不同配离子在一定条件下也可以相互转化，由一种配离子转化为另一种稳定的配离子。

具环状结构的配合物称为螯合物，螯合物的稳定性更大，且大部分具有特征性的颜色。利用金属形成的螯合物的特征性，以定性或定量地检验某些金属离子。

三、实验仪器与试剂

仪器：试管、烧杯、点滴板、滴瓶。

试剂：H_2SO_4（2 mol/L）、$CuSO_4$（1 mol/L）、$NH_3 \cdot H_2O$（0.1 mol/L）、$BaCl_2$（0.2 mol/L）、$NaOH$（1 mol/L）、$FeCl_3$（0.1 mol/L）、NH_4F（2 mol/L）、KI（0.1 mol/L）、HCl（6 mol/L）、Na_2S（0.1 mol/L）、饱和 $(NH_4)_2(C_2O_4)_2$、

KSCN（0.1 mol/L）、$K_3[Fe(CN)_6]$（0.1 mol/L）、$NH_4Fe(SO_4)_2$（0.1 mol/L）、$AgNO_3$（0.1 mol/L）、Na_2CO_3（0.1 mol/L）、NaCl（0.1 mol/L）、KBr（0.1 mol/L）、$Na_2S_2O_3$（1mol/L）、KCN（0.1 mol/L）。

四、实验步骤

（一）配合物的生成

（1）将 1 mL 1mol/L 的 $CuSO_4$ 溶液置于试管中，然后滴加 2 mol/L 的 $NH_3 \cdot H_2O$ 直至生成沉淀→溶液为深蓝色。将所得溶液一分为四，并做好标记。向第一、第二份溶液中分别滴加 1 mol/L 的 NaOH 和 0.2 mol/L 的 $BaCl_2$ 溶液，观察其现象变化。再向加有 NaOH 的试管中逐步滴加 H_2SO_4，观察溶液现象变化。对比上述三个实验的现象，并做出相应的解释。

向第三份溶液中滴加 1 mL 无水乙醇，并观察现象。

根据上述现象解释 Cu^{2+} 与 NH_3 生成配合物的组成。第四份溶液保留备用。

（2）将 5 滴 0.1 mol/L 的 $FeCl_3$ 溶液置于试管中，再滴加 2 mol/L 的 NH_4F 至溶液接近无色，然后加 3 滴 0.1 mol/L 的 KI 溶液，振荡均匀，观察溶液颜色。接着加入 10 mL CCl_4 溶液并振荡，观察 CCl_4 层的颜色。最后写出上述反应相应的离子方程式。

（3）向 3 支试管中分别加入 1 mL 的 0.1 mol/L 的 $K_3[Fe(CN)_6]$、$NH_4Fe(SO_4)_2$、$FeCl_3$ 溶液，然后各加入 2 滴 0.1 mol/L 的 KSCN 溶液，观察颜色变化，并做出相应解释。

综合比较实验步骤（1）（2）（3）的结果，讨论配离子与简单离子、复盐与配合物之间的区别。

（二）配位平衡的移动

1. 配离子之间的相互转化

（1）取 1 支试管，加入 5 滴 0.1 mol/L 的 $FeCl_3$ 溶液，加水稀释至近无色，滴加 2 滴 0.1 mol/L 的 KSCN 溶液，观察溶液呈何种颜色，再加 5 滴 2 mol/L 的 NH_4F，观察溶液颜色的变化，然后加饱和 $(NH_4)_2(C_2O_4)_2$ 溶液 10 滴，观察溶液颜色的变化，并写出上述 3 个实验现象相应的反应方程式。

（2）在点滴板一孔隙中加 1 滴 0.1 mol/L 的 $FeCl_3$ 和 1 滴 0.1 mol/L 的 KSCN，在另一孔隙中滴 2 滴 $[Cu(NH_3)_4]^{2+}$ 溶液（可从配合物生成的第四份

溶液中取），之后分别滴加 EDTA 溶液，观察溶液颜色的变化，并写出上述实验现象相应的反应方程式。

2. 配位平衡与氧化还原反应

（1）取两支试管，先往其中各加入 10 滴 0.1 mol/L 的 KSCN 溶液。向其中一支试管中加入少许固体 NH_4F，使溶液的黄色褪去。然后分别向 2 支试管中加入 0.1 mol/L 的 KI 溶液，观察溶液颜色的变化，解释并写出有关的化学方程式。

（2）取两支试管，往其中分别加入 2 mL 6 mol/L 的 HCl。然后往其中一支试管中加入一小匙硫脲（用一个带有橡皮塞的导气管连接），之后再分别向两支试管中加入一小块铜片，加热，观察现象。用排水收集法收集加硫脲后试管中逸出的气体，并证明它是 H_2（用爆鸣法）。

3. 配离子稳定性的比较

取 1 支试管，加入 6 滴 0.1mol/L 的 $AgNO_3$ 溶液，然后顺次进行以下实验。

滴加 0.1 mol/L 的 Na_2CO_3 溶液至生成沉淀，离心弃去清液。

沉淀中滴加 2 mol/L 的 $NH_3 \cdot H_2O$ 至其完全溶解。

溶液中加 2 滴 0.1 mol/L 的 NaCl，观察沉淀的生成。

混合溶液中滴加 6 mol/L 的 $NH_3 \cdot H_2O$ 至沉淀溶解。

再滴加 1 滴 0.1 mol/L 的 KBr，观察沉淀的生成。

滴加 1 mol/L 的 $Na_2S_2O_3$ 溶液至沉淀溶解。

加 1 滴 0.1 mol/L 的 KI，观察沉淀的生成。

滴加 0.1 mol/L 的 KCN 溶液至沉淀溶解（注意：KCN 溶液有剧毒）。

滴加 0.1 mol/L 的 Na_2S，至产生沉淀。

仔细观察各步实验的现象，从难溶物的溶度积和配离子的稳定常数的角度解释上述各步实验的现象并写出有关的反应方程式。

4. 配位平衡和酸碱度

在 pH 试纸的一端滴 1 滴 0.1 mol/L 的 H_3BO_3，另一端滴 1 滴甘油。待 H_3BO_3 与甘油互相渗透，观察试纸两端及溶液交界处的 pH。说出其 pH 变化的原因并写出相应应反方程式。

五、注意事项

（1）化学试剂的取用须严格控制用量。

（2）进行 Ni^{2+} 相关实验时，溶液须为微碱性或微酸性。

（3）KCN 有剧毒，使用过程中必须十分小心，用后的废液注意回收。

六、思考题

（1）通过本实验的研究，试说明影响配位平衡的因素有哪些？

（2）当衣服上不小心沾上了铁锈，常用什么酸来洗，道理是什么？

（3）试写出 EDTA 的分子式，它与各种金属阳离子形成配离子时的特点是什么，以 Fe^{3+} 与 EDTA 生成的配离子为例写出其结构式。

实验十五　银氨配离子配位数与稳定常数的测定

一、实验目的

（1）应用配位平衡和溶度积原理，测定银氨配离子的配位数及稳定常数。

（2）进一步熟悉滴定的操作方法。

二、实验原理

在 $AgNO_3$ 溶液中加入过量的氨水即生成稳定的 $[Ag(NH_3)_n]^+$，再向溶液中加入 KBr 溶液，直至刚刚出现 AgBr 沉淀（混浊）且不消失。这时混合液中同时存在如下平衡：

$$Ag^+(aq) + n\,NH_3(aq) \rightleftharpoons [Ag(NH_3)_n]^+(aq)$$

$$K_稳 = \frac{c\{[Ag(NH_3)_n]^+\} \cdot c^\Theta}{c(Ag^+) \cdot [c(NH_3)/c^\Theta]^n} \tag{3-40}$$

$$AgBr(s) \rightleftharpoons Ag^+(aq) + Br^-(aq)$$

$$K_{sp} = \frac{c(\mathrm{Ag^+})}{c^{\ominus}} \cdot \frac{c(\mathrm{Br^-})}{c^{\ominus}} \qquad (3\text{-}41)$$

两式相乘得

$$K = K_{sp} \cdot K_{稳} = \frac{c\{[\mathrm{Ag(NH_3)}_n]^+\} \cdot c(\mathrm{Br^-})}{(c^{\ominus})^2 \cdot [c(\mathrm{NH_3})/c^{\ominus}]^n} \qquad (3\text{-}42)$$

整理上式可得

$$K \cdot \frac{[c(\mathrm{NH_3})/c^{\ominus}]^n}{c\{[\mathrm{Ag(NH_3)}_n]^+\}/c^{\ominus}} = \frac{c(\mathrm{Br^-})}{c^{\ominus}} \qquad (3\text{-}43)$$

$c(\mathrm{Ag^+})$、$c(\mathrm{NH_3})$、$c\{[\mathrm{Ag(NH_3)}_n]^+\}$ 分别为平衡时的浓度（mol/L），可近似计算如下。

设最初取用的 $\mathrm{AgNO_3}$ 溶液的体积为 $V(\mathrm{Ag^+})$，浓度为 $c_0(\mathrm{Ag^+})$，加入的氨水（过量）和滴定所需 KBr 溶液的体积分别为 $V(\mathrm{NH_3})$ 和 $V(\mathrm{Br^-})$，其浓度分别为 $c_0(\mathrm{NH_3})$ 和 $c_0(\mathrm{Br^-})$，混合溶液的总体积为 $V_{总}$，则平衡时体系各组分的浓度近似为

$$c(\mathrm{Br^-}) = c_0(\mathrm{Br^-}) \times \frac{V(\mathrm{Br^-})}{V_{总}} \qquad (3\text{-}44)$$

$$c[\mathrm{Ag(NH_3)}_n]^+ = c_0(\mathrm{Ag^+}) \times \frac{V(\mathrm{Ag^+})}{V_{总}} \qquad (3\text{-}45)$$

$$c(\mathrm{NH_3}) = c_0(\mathrm{NH_3}) \times \frac{V(\mathrm{NH_3})}{V_{总}} \qquad (3\text{-}46)$$

将式（3-44）至式（3-46）带入式（3-43）整理后得

$$V(\mathrm{Br^-}) = [V(\mathrm{NH_3})]^n \cdot \frac{K \cdot [c_0(\mathrm{NH_3})/(V_{总} \cdot c^{\ominus})]^n}{[c_0(\mathrm{Br^-})/(V_{总} \cdot c^{\ominus})] \cdot [c_0(\mathrm{Ag^+})/(V_{总} \cdot c^{\ominus})]} \qquad (3\text{-}47)$$

本实验通过改变氨水的体积，各组分起始浓度、$V_{总}$ 和 $V(\mathrm{Ag^+})$ 在实验过程中均保持不变，因此式（3-47）就能改写为

$$V(\mathrm{Br^-}) = [V(\mathrm{NH_3})]^n \cdot K' \qquad (3\text{-}48)$$

式（3-48）两边取对数得

$$\lg[V(Br^-)] = n\lg[V(NH_3)]^n + \lg K' \qquad （3-49）$$

以 $\lg[V(Br^-)]$ 为纵坐标，$\lg[V(NH_3)]$ 为横坐标绘图，得一直线，其斜率为配离子的配位数 n。同时，查找必要数据可求出稳定常数 $K_{总}$。

三、实验仪器与试剂

仪器：分析天平、量筒（100 mL、10 mL）、烧杯（250 mL、100 mL）、容量瓶（250 mL、100 mL）、吸量管（10 mL、25 mL）、碱式滴定管、锥形瓶（250 mL）。

试剂：$AgNO_3$（1 mol/L）、KBr（AR）、$NH_3 \cdot H_2O$（2.0 mol/L）、$NH_3 \cdot H_2O$（6 mol/L）。

四、实验步骤

按照表 3-20 各编号所列数量依次加入 0.01 mol/L 的 $AgNO_3$ 溶液，2.0 mol/L 的 $NH_3 \cdot H_2O$ 和蒸馏水于各锥形瓶中。边振荡边滴入 0.01 mol/L 的 KBr 溶液，直至溶液开始出现浑浊并不再消失，记下消耗的 KBr 溶液的体积。

从编号 2 开始，当滴定接近终点时均需补加适量的蒸馏水，继续滴至终点，使溶液的总体积都与编号 1 的体积基本相等。

表3-20　实验条件

编　号	V/mL				$V(H_2O)$ /mL	$V_{总}$ /mL	$\lg[V(Br^-)]$	$\lg[V(NH_3)]$
	Ag^+	NH_3	H_2O	Br^-				
1	20.0	40.0	40.0					
2	20.0	35.0	45.0					
3	20.0	30.0	50.0					
4	20.0	25.0	55.0					
5	20.0	20.0	60.0					

续 表

编 号	V/mL				V(H₂O) /mL	V_总 /mL	lg[V(Br⁻)]	lg[V(NH₃)]
	Ag⁺	NH₃	H₂O	Br⁻				
6	20.0	15.0	65.0					
7	20.0	10.0	70.0					
配位数 n								
K_总								

五、数据处理

（1）根据有关数据绘图，求解银氨配离子的配位数 n。

（2）查找必要数据求出 $K_总$。

六、思考题

（1）在计算平衡浓度 $c(Ag^+)$、$c(NH_3)$、$c[Ag(NH_3)_n]^+$ 时，为何可以忽略生成 AgBr 沉淀时所消耗的 Ag^+ 和 Br^- 的浓度，同时也可以忽略 $[Ag(NH_3)_n]^+$ 电离出来的 Ag^+ 浓度，以及生成 $[Ag(NH_3)_n]^+$ 时所消耗 NH_3 的浓度？

（2）如何计算银氨配离子的稳定常数？

（3）本实验中的滴定操作有哪些事项需注意？

实验十六 一种钴（Ⅲ）配合物的制备及组成的测定

一、实验目的

（1）掌握三氯化六氨合钴的制备原理以及配合物组成的测定方法。

（2）理解配合物的生成对对高价离子（如三价钴）稳定性的影响。

二、实验原理

配合物的制备是无机化学中的一个重要组成部分，根据配合物的性质，制备的方法各有不同。利用氧化还原反应制备配位化合物是一种常用的策略，尤其是制备那些不能以金属离子与配体直接配位生成的配合物。正常存在的钴化合物是二价钴（Ⅱ）的简单配合物，难以直接制备三价钴（Ⅲ）配合物，因此可以通过氧化还原的方法来制备，且制备得到的钴（Ⅲ）的配合物比钴（Ⅱ）的配合物更为稳定。

三价钴（Ⅲ）的氨配位化合物有多种，主要有三氯化六氨合钴（Ⅲ）$[Co(NH_3)_6]Cl_3$（橙黄色晶体）、三氯化一水五氨合钴（Ⅲ）$[Co(NH_3)_5H_2O]Cl_3$（砖红色晶体）、二氯化一氯五氨合钴（Ⅲ）$[Co(NH_3)_5Cl]Cl_2$（紫红色晶体）等，由于内界中的配阳离子不同，它们的制备条件各不相同。

在活性炭的催化作用下，在有氨及 NH_4Cl 存在的 $CoCl_2$（Ⅱ）溶液中，用 H_2O_2 作为氧化剂，可制备三氯化六氨合钴（Ⅲ）。反应式如下：

$$2CoCl_2 + 2NH_4Cl + 10NH_3 + H_2O_2 \longrightarrow 2[Co(NH_3)_6]Cl_3 + 2H_2O$$

20 ℃时，$[Co(NH_3)_6]Cl_3$饱和溶液的浓度为 0.26 mol/L，将粗产品溶于稀 HCl 溶液，过滤除去活性炭后。然后加入浓 HCl 溶液（Cl^- 起同离子效应）而使 $[Co(NH_3)_6]Cl_3$析出结晶：

$$[Co(NH_3)_6]^{3-} + Cl^- \longrightarrow [Co(NH_3)_6]Cl_3$$

$[Co(NH_3)_6]Cl_3$ 性质稳定，在强碱溶液中（冷时）或强酸溶液中基本不发生分解，只有在沸热条件下才可被强碱分解，反应如下：

$$2[Co(NH_3)_6]Cl_3 + 6NaOH \xrightarrow{煮沸} 2Co(OH)_3 + 12NH_3 + 6NaCl$$

对于分解后分子中的氨将会逸出，用过量的 HCl 标准溶液将其吸收后，氨中和后还剩余的 HCl 再用标准 NaOH 溶液返滴，便可计算出组成中氨的百分含量，得出配体氨的个数（配位数）。

分解并将氨逸出完毕后的样品溶液，可用碘量法测定其中 Co（Ⅲ）的含量：

$$2Co(OH)_3 + 2I^- + 6H^+ \Longrightarrow 2Co^{2+} + I_2 + 6H_2O$$

$$I_2 + 2S_2O_3^{2-} \Longrightarrow S_4O_6^{2-} + 2I^-$$

样品中 Cl^- 的含量可用沉淀滴定法（莫尔法）测定。

用电导率仪测定配合物溶液的电导率 σ（SI 单位为 S/m），根据公式：

$$L_m = \frac{\sigma}{c} \tag{3-50}$$

计算出溶液的摩尔电导率 Λ_m（SI 单位为 S·m²/mol）。稀溶液中，电解质解离出的离子数目与溶液的摩尔电导率间存在一定的关系，如 25 ℃时，离子数目与 Λ_m 的关系如表 3-21 所示。

表3-21 离子数与电导率的关系

离子数	2	3	4	5
摩尔电导率 / （S·m²/mol）	118 ～ 131	235 ～ 273	408 ～ 435	523 ～ 560

将配合物溶于水，用电导率仪测定离子个数，可确定外界 Cl^- 的个数，从而确定配合物的组成。

三、实验仪器与试剂

仪器：台秤、研钵、分析天平、酸式和碱式滴定管、抽滤装置、循环水真空泵、氨的测定装置。

试剂：$CoCl_2 \cdot 6H_2O$（s）、NH_4Cl（s）、KI（s）、活性炭、浓 HCl（6 mol/L）、标准 HCl 溶液（0.5 mol/L）、标准 NaOH 溶液（0.5 mol/L）、6% 的 H_2O_2、氨水（浓）、10%的NaOH溶液（m）、标准 $Na_2S_2O_3$ 溶液（0.1 mol/L）、标准 $AgNO_3$ 溶液（0.1 mol/L）、5% 的 K_2CrO_4 溶液（m）、冰、1 % 的甲基红指示剂、1 % 的淀粉溶液。

四、实验步骤

（一）三氯化六氨合钴（Ⅲ）的制备

取一只 100 mL 的锥形瓶，称取 6 g $CoCl_2 \cdot 6H_2O$ 和 4 g NH_4Cl，然后加入 10 mL 水，稍加热溶解，再加入 0.4 g 活性炭。稍冷后加入 14 mL 浓氨水，用冰水浴使溶液冷却至 10 ℃以下，缓慢滴加 14 mL 6% 的H_2O_2溶液。加完后，水浴加热至 60 ℃，并恒温 20 min（适当小幅摇动锥形瓶），取出，先以水冷，再以冰水浴冷却至 0 ℃左右，然后减压过滤（因为$[Co(NH_3)_6]Cl_3$溶于水，所以此处不可洗涤）。

取一个烧杯，加入 2 mL 浓 HCl 及 40 mL 水，煮沸。将上步得到的沉淀转入其中，混合均匀，趁热抽滤。将滤液转入另一支锥形瓶，逐滴加入 8 mL 浓 HCl，边滴边有橙黄色晶体析出，加完后以冰水浴冷却，减压过滤，以 5 mL 2 mol/L 的 HCl 洗涤。产品置于烘箱中，105 ℃条件下烘干 1 h，称重，计算产率。

（二）三氯化六氨合钴（Ⅲ）组成的测定

1. 氨的测定

取两只 250 mL 的锥形瓶，向锥形瓶 1 中准确称取 0.2 g 左右的试样（准至 0.1 mg），加 90 mL 水溶解，然后加入 10 mL 10% 的 NaOH 溶液。在另一锥形瓶 2 中，准确加入 40 mL 0.5 mol/L 的 HCl 标准溶液，将两个锥形瓶按图 3-11 所示连接。将 2 号锥形瓶置于冰浴中，用以吸收蒸出的氨，冷凝管通自来水。加热蒸氨，开始时以大火加热，等到锥形瓶 1 中的溶液开始沸腾后把火调小，但后续整个过程需让溶液保持微沸状态。当溶液蒸馏至黏稠状态后，断开装置，撤掉火源。用少量水冲洗冷凝管和下端的玻璃管，将冲洗液一并转入锥形瓶 2 中。

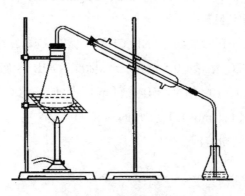

图 3-11　氨的测定装置

加 2 滴 1% 的甲基红指示剂，用 0.5 mol/L 的 NaOH 标准溶液滴定剩余的 HCl，溶液出现浅黄色为止。记录 NaOH 标准溶液消耗的体积。

2. 钴的测定

等蒸氨后的黏稠溶液冷却后，用洗瓶将黏附在锥形瓶内壁上的物质冲洗回锥形瓶内。加入 1 g KI 固体，振荡使其溶解，再加入约 10 mL 6 mol/L 的 HCl 溶液，放于暗处静置约 10 min。用 0.1 mol/L 的标准 $Na_2S_2O_3$ 溶液滴定，直至溶液出现浅黄色，然后加入 5 滴新配制的 0.2％淀粉溶液，再继续滴至蓝色消失。记录标准 $Na_2S_2O_3$ 溶液消耗的体积。

3. 氯的测定

取一只锥形瓶，准确称取 0.2 g 样品于其中，加 10mL 蒸馏水使之溶解，加入 1 mL 5％ K_2CrO_4 溶液，然后以 0.1 mol/L 的 $AgNO_3$ 标准溶液滴定至溶液呈现砖红色，并将半分钟内不变色记为终点。

4. 电导法测定外界离子个数

于烧杯中准确称取 0.04 g 样品（精确至 0.000 1 g），加 60 mL 水溶解，转入 100 mL 容量瓶，定容配成 100 mL 溶液，在电导率仪上测定溶液的电导率 σ，根据公式求出 Λ_m，查表确定离子总数和外界 Cl^- 的个数。根据配位个体的配位数和外界离子个数，确定配位个体的实验式。

五、注意事项

（1）试剂的取用，沉淀的洗涤，酒精灯的使用，水浴加热，减压过滤，干燥箱的使用，电导率仪的使用，酸、碱式滴定管的使用，滴定等需严格按其基本操作规程进行。

（2）在制备三氯化六氨合钴（Ⅲ）的过程中，H_2O_2 的加入需分数次进行，且边加边小幅摇动。

六、实验记录与处理

（1）用流程图表示三氯化六氨合钴（Ⅲ）的制备过程。

（2）记录产品的外观，计算理论产量及产率。

（3）各种实验数据以表格形式进行记录。

（4）计算出样品中钴、氨、氯的百分含量，并确定产品的实验式。

七、思考题

（1）在目标产物的制备过程中，H_2O_2、NH_4Cl、活性炭都各有什么作用？除此之外还有哪些因素影响产量？

（2）氨的测定是基于什么原理？锥形瓶加热后剩下的黑色固体物质是什么？若加入 6 mol/L 的 HCl 和 30％ 的 H_2O_2，加热至溶液呈浅红色，又是什么化合物？

（3）氯的测定基于什么原理？K_2CrO_4 的浓度和溶液的酸度对分析结果是否有影响，如何影响？

（4）测定溶液的电导率时，溶液的浓度范围是否有一定要求？为什么？

实验十七　氯化铵的制备及氮含量测定

一、实验目的

（1）巩固称量、加热、浓缩、过滤、蒸馏（常压、减压等）等基本操作。

（2）观察和验证盐类的溶解度与温度的关系。

（3）掌握甲醛法测定铵盐中氮含量的基本原理。

二、实验原理

（一）氯化铵的制备

氯化钠与硫酸铵反应可生成氯化铵：

$$2NaCl + (NH_4)_2SO_4 \Longrightarrow Na_2SO_4 + 2NH_4Cl$$

反应物和产物中这些的化合物的溶解度受温度的影响程度各不相同（表3-22）。据此，可以通过加热蒸发、结晶、冷却及过滤分离等措施，达到分离的目的。

表3-22　反应涉及物质在不同温度下的溶解度值

单位：g/100g 水

反应物	溶解度										
	0℃	10℃	20℃	30℃	40℃	50℃	60℃	70℃	80℃	90℃	100℃
NaCl	35.7	35.8	36	36.2	36.5	36.8	37.3	37.6	38.1	38.6	39.2

续　表

反应物	溶解度										
	0℃	10℃	20℃	30℃	40℃	50℃	60℃	70℃	80℃	90℃	100℃
$Na_2SO_4 \cdot 10H_2O$	4.7	9.1	20.4	41							
Na_2SO_4				49.7	48.2	46.7	45.2	44.1	43.3	42.7	42.3
NH_4Cl	29.7	33.3	37.2	41.4	45.8	50.4	55.2	60.2	65.6	71.3	77.3
$(NH_4)_2SO_4$	70.6	73	75.4	78	81	84.8	88	91.6	95.3	99.2	103.3

　　由上表可知，NH_4Cl、$NaCl$、$(NH_4)_2SO_4$ 在水中的溶解度均随温度的升高而呈现不同的变化趋势，如 $NaCl$ 的溶解度随温度升高的变化很小，$(NH_4)_2SO_4$ 的溶解度无论在低温时还是高温时都是三者中最大的。Na_2SO_4 的溶解度随温度变化有一个转折点，随着温度的升高，$Na_2SO_4 \cdot 10H_2O$ 的溶解度逐渐增加，但达到一定温度时将脱水变成 Na_2SO_4。Na_2SO_4 的溶解度刚好相反，随温度的升高而减小。所以，只要把 $NaCl$、$(NH_4)_2SO_4$ 溶于水，加热蒸发，Na_2SO_4 就会结晶析出，趁热抽滤。然后将滤液冷却，NH_4Cl 晶体随温度下降逐渐析出，在 35 ℃左右进行减压抽滤，即得 NH_4Cl 产品。

（二）氮含量的测定

　　NH_4Cl 是农用氮肥的主要成分，是一种强酸弱碱盐，NH^{4+} 的酸性非常弱（$K_a=5.6 \times 10^{-10}$），不能用 $NaOH$ 标准溶液进行直接滴定。生产上和实验室中广泛采用甲醛法测定铵盐中的氮含量。甲醛法是基于如下反应的：

$$4NH_4^+ + 6HCHO \Longrightarrow (CH_2)_6 N_4H^+ + 6H_2O + 3H^+$$

$$(CH_2)_6 N_4H^+ + 4OH^- \Longrightarrow H_2O + (CH_2)_6 N_4$$

　　生成的 H^+ 和 $(CH_2)_6N_4H^+$（$K_a=7.1 \times 10^{-6}$）可用 $NaOH$ 标准溶液滴定，选用酚酞作为指示剂，计量点时产物为 $(CH_2)_6N_4$，其水溶液显示微弱的碱性。

三、实验仪器与试剂

仪器：锥形瓶（3 个 250 mL）；电子分析天平；碱式滴定管（25 mL）；烧杯（100 mL 2 个，50 mL 1 个）；普通漏斗；蒸发皿；水浴锅；真空泵；量筒（50 mL、5 mL 各 1 个）；玻璃棒；铁架台；电子天平；布氏漏斗；滤纸；温度计（100 ℃）；试管；试管夹：精密 pH 试纸；酒精灯。

试剂：酚酞；甲基红；NaOH 标准溶液；1∶1 的甲醛水溶液；NaCl 固体（分析纯）；$(NH_4)_2SO_4$ 固体（分析纯）。

四、实验内容

（一）氯化铵的制备

（1）取一个 100 mL 的烧杯，称取 11 g NaCl 倒入其中，然后加入 30～40 mL 蒸馏水。酒精灯加热、搅拌使之溶解。若有未溶解的沉淀物质，则趁热进行过滤，滤液转入蒸发皿。

（2）在上述 NaCl 溶液中加入 13 g $(NH_4)_2SO_4$。在水浴中进行加热、搅拌，直至全部溶解。然后继续加热进行浓缩，过程中将有大量 Na_2SO_4 结晶析出。当溶液蒸发而减少到 35 mL（提前做记号）左右时，则停止加热，并趁热抽滤。

（3）将所得滤液迅速倒入 100 mL 烧杯中，静置冷却，随后可见有 NH_4Cl 晶体逐渐析出，待溶液冷却至 35 ℃左右时，进行抽滤，以滤纸吸干。

（4）将上步所得滤液重新置于水浴上，继续加热蒸发浓缩，当有较多 Na_2SO_4 晶体析出时，趁热抽滤。将滤液转移至小烧杯中，静置冷却至 35 ℃ 左右，进行抽滤，用滤纸将产品吸干。

（5）如此再重复两次，把 3 次所得的 NH_4Cl 晶体合并，一起称重，计算产率。

（二）产品鉴定

（1）取一支干燥试管，称重，再称取 1 g NH_4Cl 产品，放于试管的底部，用酒精灯加热，待物质挥发完毕只剩下一些残渣时，冷却，称重。

NH_4Cl 杂质含量 =（灼烧后质量 − 空试管质量）g/1 g × 100%

（2）氮含量的测定。

① 向甲醛溶液中加入少量 NaOH，以 pH 试纸检验，使甲醛溶液呈中性。

② 称取 0.08 ～ 0.10 g NH_4Cl 3 份置于 3 个锥形瓶中。

③ 每个锥形瓶加入 20 ～ 30 mL 水，振荡溶解，分别加入 5mL 中性甲醛溶液，再加入 1 ～ 2 滴酚酞，然后用 0.1 mol/L 的 NaOH 标准溶液滴定至淡红色，并在半分钟内不变色，记为终点。

五、数据记录及处理

各物质的分子量如表 3-23 所示。

表3-23　各物质的分子量

名　　称	氯化钠	硫酸铵	氯化铵	氢氧化钠	氮
分子量	58.44	132.16	53.49	40.01	14.01

（一）产率计算

产品性状：_____。

产量 /g：_____。

理论产量 /g：_____。

产率 /%：_____。

（二）数据记录

氨含量测定数据如表 3-24 所示。

表3-24　氨含量测定数据

数　据	I	II	III
$M（NH_4Cl）/g$			
$V（NaOH）/mL$			
$N/\%$			
$N/\%$（平均）			

六、注意事项

（1）蒸发浓缩时要提前做好记号，水量到 $30 \sim 40$ mL 即可，浓缩不能过度，以防 NaCl、$(NH_4)_2SO_4$ 析出。

（2）分多次浓缩分离 $(NH_4)_2SO_4$ 与 NH_4Cl。

（3）甲醛中一般都含有微量甲酸，应预先以酚酞为指示剂，用 NaOH 溶液中和至溶液呈淡红色。

七、实验讨论

（1）铵盐中氮的测定，能否采用 NaOH 直接滴定法？

（2）为什么中和甲醛试剂中的甲酸以酚酞作为指示剂，而中和铵盐试样中的游离酸则以甲基红作指示剂？

（3）NH_4HCO_3 中的氮含量可以采用哪些方法测定？能否用甲醛法？

实验十八   硫酸亚铁铵的制备与表征

一、实验目的

（1）根据有关原理及数据设计并制备复盐硫酸亚铁铵。

（2）熟练掌握水浴加热、蒸发、结晶、减压过滤的基本操作。

（3）学习用分光光度法测定产品中杂质的含量。

二、实验原理

铁溶于稀硫酸中生成硫酸亚铁，它与等物质的量的硫酸铵在水溶液中相互作用，即生成溶解度较小的浅蓝绿色硫酸亚铁铵复盐晶体，反应式如下：

$$Fe + H_2SO_4 = FeSO_4 + H_2 \uparrow$$

$$FeSO_4 + (NH_4)_2SO_4 + 6H_2O = FeSO_4 \cdot (NH)_2SO_4 \cdot 6H_2O$$

亚铁盐在空气中通常很容易被氧化，但形成的复盐比较稳定，不易被氧化。在制备过程中，为了使 Fe^{2+} 不被氧化和水解，溶液须保持足够的酸度。

在酸性介质中，硫氰酸根（SCN^-）与 Fe^{3+}，可生成红色配合物：

$$Fe^{3+} + nSCN^- \rightleftharpoons [Fe(SCN)_n]^{3-n} \quad n=1，2，3，4，5，6$$

根据溶液的吸光值，基于朗伯－比尔定律，可采用分光光度法测定复盐中 Fe^{3+} 杂质的含量。

三、实验内容

（1）根据上述原理和实验室提供的仪器、药品，设计出制备复盐硫酸亚铁铵的方法。制备硫酸亚铁铵晶体。

（2）计算硫酸亚铁铵的理论产量和产率。

（3）设计并用分光光度法检测复盐硫酸亚铁铵中 Fe^{3+} 杂质的含量。

（4）完成实验报告。

四、实验仪器与试剂

仪器：台秤、分析天平、恒温水浴、721 型分光光度计、循环水式真空泵、烧杯等玻璃仪器。

试剂：H_2SO_4（3 mol/L）、$(NH_4)_2SO_4$（s）、Fe^{3+} 标准溶液（0.010 0 mol/L）、KSCN（1 mol/L）、HCl（2 mol/L）、NaOH（2 mol/L）。

五、注意事项

（1）台秤的使用，试纸使用，试剂取用，水浴加热，蒸发、结晶，减压过滤，721 分光光度计使用等应严格按其基本操作规程进行。

（2）实验前需用洗涤剂溶液清洗铁屑油污，清洗过程中，需不断搅拌以免溶液爆沸，事后一定要将铁屑上的泡沫清洗干净。

（3）当反应过程中水分蒸发过度时，将有硫酸亚铁铵晶体析出，则应随时注意补加少量蒸馏水。反应完毕后要趁热抽滤，以防产生产品结晶。若滤纸上有晶体析出，可用少量热蒸馏水溶解，滤液用少量 3 mol/L 的 H_2SO_4 酸化。

（4）在产品制备的过程中，所得的硫酸亚铁溶液、硫酸亚铁铵溶液均应保持较强的酸性（pH 为 1～2）。

六、思考题

（1）在硫酸亚铁铵的制备过程中，溶液的 pH 对产品制备是否有影响？

（2）在硫酸亚铁铵的制备过程中，怎样操作才能尽量使产品中杂质的 Fe^{3+} 的含量较低？

（3）在溶液浓缩结晶时，怎样防止 Fe^{2+} 被氧化？若已有大量的 Fe^{2+} 被氧化，应采用什么措施补救？

实验十九　碱式碳酸铜的制备及铜含量的测定

一、实验目的

（1）完成碱式碳酸铜制备条件的探求和生成物颜色、状态的分析。

（2）研究反应物的合理配料比并确定制备反应适合的温度条件。

（3）设计分析方案定量测定产品中铜含量。

（4）培养独立设计实验的能力。

二、实验原理

碱式碳酸铜是一种重要的化工原料，其铜含量的变化影响产品的颜色，工业产品中含 66.2% ～ 78.2%（质量分数）CuO。碱式碳酸铜是天然孔雀石的主要成分，呈暗绿色或淡蓝绿色，加热至 200 ℃即分解。碱式碳酸铜在水中的溶解度很小，新制备的试样在沸水中很易分解，而显示暗黑的颜色。

三、实验仪器与试剂

可在教师的指导下，提出实验方案，写出所需仪器、药品、材料等。

四、实验步骤

（一）反应物溶液配制

配制 0.5 mol/L 的 $CuSO_4$ 溶液和 0.5 mol/L 的 Na_2CO_3 溶液各 50 mL。

（二）制备反应条件的探求

1. $CuSO_4$ 和 Na_2CO_3 溶液的合适配比

取 4 支试管，分别加入 2.0 mL 0.5 mol/L 的 $CuSO_4$ 溶液，另外取四支编号的试管，分别加入 0.5 mol/L 的 Na_2CO_3 溶液 1.5 mL、2.0 mL、2.5 mL 及 3.0 mL。将 8 支试管放在 75 ℃水浴中，几分钟后，依次将 $CuSO_4$ 溶液分别倒入其中，振荡试管，比较各试管中沉淀生成的速度、沉淀的数量及颜色，从中得出两种反应物溶液以何种比例混合为最佳。

2. 反应温度的探求

取 3 支试管，各加入 2.0 mL 0.5 mol/L 的 $CuSO_4$ 溶液，另取 3 支试管，各加入由上述实验得到的合适用量的 0.5 mol/L 的 Na_2CO_3 溶液。从这两组试管中各取 1 支，分别置于室温、50 ℃、100 ℃的恒温水浴中，数分钟后，将 $CuSO_4$ 溶液倒入 Na_2CO_3 溶液中，振荡并观察现象，由实验结果确定制备反应的合适温度。

3. 反应时间的探求

取 3 支试管，各加入 2.0 mL 0.5 mol/L 的 $CuSO_4$ 溶液，另取 3 支试管，各加入由上述实验得到的合适用量的 0.5mol/L 的 Na_2CO_3 溶液。从这两列试管中各取 1 支，将它们分别置于上一步探求出的适宜温度的恒温水浴中，数分钟后，将 $CuSO_4$ 溶液倒入 Na_2CO_3 溶液中，分别振荡 5 min、10 min、15 min 并观察现象，由实验结果确定制备反应的合适振荡时间。

（三）碱式碳酸铜的制备

取 30 mL 0.5 mol/L 的 $CuSO_4$ 溶液，根据上面实验确定的最佳的反应物体积比、温度及振荡时间制取碱式碳酸铜。待沉淀完全后，减压过滤。用蒸馏水洗涤沉淀数次，以 $BaCl_2$ 检验洗水的 SO_4^{2-}，直到洗水不含 SO_4^{2-}，用滤纸吸干。将所得产品置于烘箱中，100 ℃下烘干 1 h，待冷至室温后称量，并计算产物。

（四）产品质量的检验与铜含量分析

1. 检 验

取 2 g 产品于具支试管中加热，支管出气依次通过无水硫酸铜、澄清的石灰水，观察实验现象，并写出化学反应方程式。说明产品是碱式碳酸铜。

2. 铜含量分析

准确称取 0.10 ~ 0.16 g（准确至 0.000 1 g）产物 3 份，分别用 15 mL NH$_3$H$_2$O-NH$_4$Cl 缓冲溶液（pH = 10）溶解，再稀释至 100 mL。以 PAN（2 ~ 3 滴）作为指示剂，用 0.05 mol/L 的 EDTA 标准溶液滴定，滴至溶液由浅蓝色变为翠绿色，即为终点，记录所用 EDTA 标准溶液的体积。

五、注意事项

（1）反应温度不应超过 100 ℃，且处于恒温。

（2）沉淀需反复洗涤干净，并以 BaCl$_2$ 检验洗水的 SO$_4^{2-}$。

（3）反应过程中溶液倒入的顺序不能乱，一定是 CuSO$_4$ 溶液倒入 Na$_2$CO$_3$ 溶液。

实验二十　电解质溶液及其平衡移动

一、实验目的

（1）理解弱电解质电离的原理、特点、同离子效应。

（2）掌握缓冲溶液的配制方法及其性质的验证。

（3）了解盐类的水解（双水解）反应及影响水解过程的主要因素。

（4）理解难溶电解质的多相解离平衡的原理、特点及其移动。

二、实验原理

（一）弱电解质在溶液中的解离平衡及其移动

例如，弱酸 HA（弱碱 A$^-$）在水中的解离反应如下：

$$HA+H_2O \rightleftharpoons A^-+H_3O^+ \qquad K_a^{\ominus}(HA) = \frac{\left[c(H_3O^+)/c^{\ominus}\right] \cdot \left[c(A^-)/c^{\ominus}\right]}{c(HA)/c^{\ominus}}$$

$$A^-+H_2O \rightleftharpoons HA+OH^- \qquad K_b^{\ominus}(A^-) = \frac{\left[c(HA)/c^{\ominus}\right] \cdot \left[c(OH^-)/c^{\ominus}\right]}{c(A^-)/c^{\ominus}}$$

根据反应平衡移动原理，在平衡的弱电解质溶液中，加入含有共同离子的强电解质（阴离子或阳离子），产生降低弱电解质的解离度的效应，这种效应叫同离子效应。

缓冲溶液：由弱酸及其共轭碱（如 HAc 和 NaAc）或弱碱及其共轭酸（如 $NH_3 \cdot H_2O$ 和 NH_4Cl）所组成的溶液。它们能够在外加少量酸、碱或水时，溶液的 pH 基本维持不变。缓冲溶液的 pH 可由下式求出：

$$pH = pK_a^\ominus + \lg\frac{c_b}{c_a} \qquad (3-51)$$

式中，c_a、c_b 分别为 HA、A^- 在缓冲溶液中的平衡浓度。

（二）盐类水解平衡及其移动

盐类溶于水时，其中的阴、阳离子与水所电离的 H^+ 或 OH^- 作用，生成弱电解质的过程称为盐类的水解。影响盐类水解平衡的因素是温度、离子浓度及溶液 pH。水解反应一般都是吸热反应，加热能促进其水解。

某些盐水解后因产出了 H^+ 或 OH^- 而能改变溶液的 pH，有些盐类还能产生沉淀或气体。如 $BiCl_3$，水解后会产生难溶的 BiOCl 白色沉淀，同时产生的 H^+ 使溶液的酸性增强。反应如下：

$$Bi^{3+} + Cl^- + H_2O \rightleftharpoons BiOCl\downarrow + 2H^+$$

因此，在配制这些盐溶液时，必须要加入相应的强酸（或强碱）溶液以防止其水解。

如果将弱酸盐的溶液与弱碱盐的溶液相互混合，弱酸盐水解将产生 OH^-，弱碱盐水解将产生 H^+，H^+ 与 OH^- 作用生成水，由此加剧两种盐的水解，这种现象叫双水解。例如，将 NH_4Cl 溶液与 Na_2CO_3 溶液混合，$Al_2(SO_4)_3$ 溶液与 Na_2CO_3 溶液混合，它们都会发生双水解，反应如下：

$$NH_4^+ + CO_3^{2-} + H_2O \rightleftharpoons NH_3 \cdot H_2O + HCO_3^-$$

$$2Al^{3+} + 3CO_3^{2-} + 3H_2O \rightleftharpoons 2Al(OH)_3\downarrow + 3CO_2\uparrow$$

（三）难溶电解质的多相解离平衡及其移动

1. 溶度积规则

难溶电解质 A_mB_n 在水溶液中发生部分溶解，溶解的分子全部发生解离，最终达到一个沉淀–溶解平衡，该平衡可表示为

$$A_mB_n(s) \underset{\text{沉淀}}{\overset{\text{溶解}}{\rightleftharpoons}} mA^{n+}(aq) + nB^{m-}(aq)$$

该平衡反应的标准平衡常数，被称为 $K_{SP}^{\ominus}$，其表达式为

$$K_{SP}^{\ominus}(A_m B_n) = \left[c(A^{n+})/c^q \right]^m \cdot \left[c(B^{m-})/c^q \right]^n \qquad （3-52）$$

该常数与浓度无关，仅与难溶电解质的本性及温度有关，又称为难溶电解质的溶度积常数，简称溶度积。$K_{SP}^{\ominus}$ 可作为判断沉淀产生或溶解的依据，此规则即称溶度积规则。任一状态下溶液中离子浓度的幂的乘积为 Q，简称离子积。

当 $Q > K_{sp}^{\ominus}$ 时，溶液处于过饱和状态，将产生沉淀。

当 $Q = K_{sp}^{\ominus}$ 时，溶液刚好处于饱和状态，此时沉淀与溶解达到平衡。

当 $Q < K_{sp}^{\ominus}$ 时，溶液处于不饱和状态，此时沉淀将不断溶解。

2. 分步沉淀的先后次序

向溶液中加入沉淀剂，有多种离子将产生沉淀，离子积先达到溶度积的离子，将优先产生沉淀。

3. 沉淀转化的条件

一定的条件下，向已达沉淀－溶解平衡的溶液中加入另一种试剂，使一种难溶电解质转化为另一种难溶电解质，这个过程称为沉淀的转化。沉淀转化的原则是，无因次溶度积较大的难溶电解质容易转化为无因次溶度积较小的难溶电解质。

三、实验仪器与试剂

仪器：试管、试管架、量筒、烧杯、酒精灯、试管夹、离心机。

试剂：0.1 mol/L 的 HAc、0.1 mol/L 的 NaAc、0.1 mol/L 的 HCl、6 mol/L 的 HCl、0.1 mol/L 的 NaCl、1 mol/L 的 NaCl、0.1 mol/L 的 $NH_3 \cdot H_2O$、2 mol/L 的 $NH_3 \cdot H_2O$、0.1 mol/L 的 NH_4Cl、0.1 mol/L 的 NaOH、0.1 mol/L 的 Na_2CO_3、0.1 mol/L 的 $MgCl_2$、0.1 mol/L 的 Na_3PO_4、0.1 mol/L 的 Na_2HPO_4、0.1 mol/L 的 NaH_2PO_4、0.1 mol/L 的 KI、0.1 mol/L 的 K_2CrO_4、0.1 mol/L 的 $Al_2(SO_4)_3$、0.1 mol/L 的 $AgNO_3$、0.1 mol/L 的 $Fe(NO_3)_3$、0.1 mol/L 的 $Pb(NO_3)_2$、0.1% 酚酞、甲基橙、0.1% 茜红素、NaAc（AR）、NH_4Cl（AR）、$BiCl_3$（AR）。

四、实验步骤

（一）同离子效应

（1）在试管中加入 1 mL 0.1 mol/L 的 $NH_3 \cdot H_2O$ 和 1 滴酚酞，摇匀，观察溶液的颜色。再加入少量固体 NH_4Cl，摇荡使其溶解，观察溶液颜色的变化。

（2）在试管中加入 1 mL 0.1 mol/L 的 HAc 溶液和 1 滴甲基橙指示剂，摇匀，观察溶液的颜色。再加入少量固体 NaAc，摇荡使其溶解，观察溶液颜色的变化。证明同离子效应能使 HAc 的解离度下降。

（二）缓冲溶液的配制和性质

（1）在两支各盛有 2 mL 蒸馏水的试管中，以 pH 试纸测定它们的 pH，然后分别加 1 滴 0.1 mol/L 的 HCl 和 0.1mol/L 的 NaOH 溶液，以 pH 试纸测定它们的 pH，记下加酸、碱前后 pH 的改变。

（2）在试管中加入 2 mL 0.1 mol/L 的 HAc 和 2 mL 0.1 mol/L 的 NaAc，配成 HAc-NaAc 缓冲溶液。加数滴茜红素指示剂 [茜素红变色范围（pH = 3.7 ~ 5.2)]，混合后观察溶液的颜色。然后把溶液均分至 4 支试管中，向其中 3 支试管中分别加入 5 滴 0.1 mol/L 的 HCl、0.1 mol/L 的 NaOH 和水，比较观察 4 支试管中溶液的颜色如何变化。

（3）自拟实验：以 0.1 mol/L 的 HAc 和 0.1 mol/L 的 NaAc 溶液为原料配制 15 mL pH = 4.4 的缓冲溶液，需要 0.1 mol/L 的 HAc 和 0.1 mol/L 的 NaAc 溶液各多少毫升？数据填入表 3-25，根据计算进行配制，然后测定其 pH。将溶液分成 3 份，试验其抗酸、抗碱、抗稀释性，数据填入表 3-26。

表3-25　所需 HAc 和 NaAc 的体积

溶　液	体积 /mL
0.1 mol/L 的 HAc	
0.1 mol/L 的 NaAc	

表3-26　加入不同体积的酸、碱、水后 pH 的变化

物　质	pH			
	1 mL	2 mL	3 mL	4 mL
0.1 mol/L 的 HCl				
0.1 mol/L 的 NaOH				
蒸馏水				

（三）盐类水解平衡及其移动

（1）用 pH 试纸测定浓度为 0.1 mol/L 的下列各溶液的 pH（自拟表格，填入测定的 pH）：$NaCl$、$NaAc$、Na_2CO_3、Na_3PO_4、Na_2HPO_4、NaH_2PO_4。

（2）在两支试管中，各加入 2 mL 蒸馏水和 3 滴 0.1 mol/L 的 $Fe(NO_3)_3$，摇匀。将一支试管用小火加热，观察溶液颜色的变化，解释实验现象。

（3）取一支试管，加入 2 mL 0.1 mol/L 的 NaAc，滴入 1 滴酚酞，摇匀，观察溶液的颜色。将溶液分盛在两支试管中，将一支试管用小火加热至沸，比较两支试管中溶液的颜色，解释原因。

（4）取一粒绿豆大小的固体 $BiCl_3$ 加到盛有 1 mL 水的试管中，观察有何现象出现，测其 pH。加入 6 mol/L 的 HCl，观察沉淀是否溶解，再注入水稀释又有什么现象。

（5）在装有 1 mL 0.1 mol/L 的 $Al_2(SO_4)_3$ 的试管中，加入 1 mL 0.1 mol/L 的 Na_2CO_3 溶液，观察有何现象出现。设法证明产物是 $Al(OH)_3$ 而不是 $Al_2(CO_3)_3$。写出化学反应方程式。

（四）沉淀－溶解平衡

1.沉淀的生成和溶解

（1）在试管中加 1 mL 0.1 mol/L 的 $Pb(NO_3)_2$，再加入 1 mL 0.1 mol/L 的 KI，观察有无沉淀生成。

（2）取两支试管，分别加入 5 滴 0.1 mol/L 的 K_2CrO_4 和 5 滴 0.1 mol/L 的 NaCl，然后各逐滴加入 2 滴 0.1 mol/L 的 $AgNO_3$，观察沉淀的生成和颜色。

（3）在一支试管中加入 2 mL 0.1 mol/L 的 $MgCl_2$，滴入数滴 2 mol/L

的 $NH_3 \cdot H_2O$，观察沉淀的生成。再向此溶液中加入少量固体 NH_4Cl，振荡，观察沉淀是否溶解并解释现象。

2. 分步沉淀

取一支离心试管，向其中顺次加入 0.1 mol/L 的 K_2CrO_4 和 0.1 mol/L 的 NaCl 各 2 滴，再加 2 mL 蒸馏水稀释，摇匀。再滴加 2 滴 0.1 mol/L 的 $AgNO_3$，振荡均匀后离心，观察溶液和沉淀的颜色。继续滴加 0.1 mol/L 的 $AgNO_3$，观察沉淀的颜色，振荡均匀后离心，观察溶液的颜色。根据实验确定先沉淀的物质是什么，用理论计算结果进行说明。

3. 沉淀的转化

取一支离心试管，向其中顺次加入 5 滴 0.1 mol/L 的 $Pb(NO_3)_2$ 和 1 mol/L 的 NaCl，观察是否产生沉淀，离心分离。弃去清液后往沉淀上逐滴加入 0.1 mol/L 的 KI，稍用力振荡，观察沉淀颜色的变化，记录并解释现象。

五、注意事项

pH 试纸的使用、固体物质的取用、试管加热、液体试剂的取用、电动离心机的使用、离心分离等操作须严格按其操作规程进行。

六、思考题

（1）如何配制 50 mL 0.1 mol/L 的 $SnCl_2$ 溶液？

（2）利用平衡移动原理，判断如下物质是否可用 HNO_3 溶解：$MgCO_3$、Ag_3PO_4、AgCl、CaC_2O_4、$BaSO_4$。

（3）根据沉淀转化原则，试分析 $Ca_{10}(PO_4)_6(OH)_2$ 能否转化为 $Ca(OH)_2$？

实验二十一　三草酸根合铁（Ⅲ）酸钾的制备及组成测定

一、实验目的

（1）掌握三草酸合铁（Ⅲ）酸钾的合成方法。

（2）掌握确定化合物化学式的基本原理和方法。

（3）训练无机合成、滴定分析和重量分析的基本操作。

二、实验原理

三草酸合铁（Ⅲ）酸钾，化学式为 $K_3[Fe(C_2O_4)_3] \cdot 3H_2O$，是一种常见的配合物，为亮绿色单斜晶体，具有易溶于水而难溶于乙醇、丙酮等有机溶剂的特性。三草酸合铁（Ⅲ）酸钾所含的 3 个结晶水在不同温度下可逐步失去，到 110 ℃时可失去全部的 3 个结晶水。这种配合物化学性质不稳定，加热到 230 ℃便开始发生分解，此性质有利于其组成的分析；三草酸合铁（Ⅲ）酸钾在光照下也易分解，因此它是一种光敏物质；同时，它是一些有机反应很好的催化剂及某些铁催化剂的主要原料，因而具有较高的工业生产价值。

目前，有多种制备三草酸合铁（Ⅲ）酸钾的工艺路线。本实验先利用 $(NH_4)_2Fe(SO_4)_2$ 与 $H_2C_2O_4$ 反应制取 FeC_2O_4，反应方程式如下：

$$(NH_4)_2Fe(SO_4)_2 + H_2C_2O_4 \Longrightarrow FeC_2O_4(s) + (NH_4)_2SO_4 + H_2SO_4$$

在过量 $K_2C_2O_4$ 存在下，用 H_2O_2 氧化 FeC_2O_4，即可制得产物：

$$6FeC_2O_4 + 3H_2O_2 + 6K_2C_2O_4 \Longrightarrow 4K_3[Fe(C_2O_4)_3] + 2Fe(OH)_3(s)$$

在反应中产生的 $Fe(OH)_3$ 中加入适量的 $H_2C_2O_4$，使其转化为产物：

$$2Fe(OH)_3 + 3H_2C_2O_4 + 3K_2C_2O_4 \Longrightarrow 2K_3[Fe(C_2O_4)_3] + 6H_2O$$

该配合物的组成可通过重量分析法和滴定方法确定。

（一）重量分析法测定结晶水含量

将一定量产物在 110 ℃下干燥，根据失重的情况便可计算出结晶水的含量。

（二）高锰酸钾法测定草酸根含量

$C_2O_4^{2-}$ 在酸性介质中可被 MnO_4^- 定量氧化，反应式为

$$5C_2O_4^{2-} + 2MnO_4^- + 16H^+ \Longrightarrow 2Mn^{2+} + 10CO_2 + 8H_2O$$

用已知浓度的 $KMnO_4$ 标准溶液滴定 $C_2O_4^{2-}$，由消耗 $KMnO_4$ 的量，便可计算出 $C_2O_4^{2-}$ 的含量。

（三）高锰酸钾法测定铁含量

先用过量的锌粉将 Fe^{3+} 还原为 Fe^{2+}，然后用 $KMnO_4$ 标准溶液滴定 Fe^{2+}：

$$Zn + 2Fe^{3+} \Longrightarrow 2Fe^{2+} + Zn^{2+}$$

$$5\,Fe^{2+}+MnO_4^-+8\,H^+ \Longrightarrow 5\,Fe^{3+}+Mn^{2+}+4\,H_2O$$

由消耗 $KMnO_4$ 的量，便可计算出 Fe^{3+} 的含量。

（四）确定钾含量

由配合物中结晶水、$C_2O_4^{2-}$、Fe^{3+} 的含量，根据差减法可计算出 K^+ 含量。

三、实验仪器及药品

仪器：烧杯、容量瓶、锥形瓶、滴定管、减压过滤装置、分析天平、烘箱等。

试剂：H_2SO_4（6 mol/L）、$H_2C_2O_4$（饱和）、$K_2C_2O_4$（饱和）、H_2O_2（ω 为 0.05）、C_2H_5OH（ω 为 0.95 和 0.5）、$KMnO_4$ 标准溶液（0.02 mol/L）、$(NH_4)_2Fe(SO_4)_2 \cdot 6H_2O$（s）、锌粉。

四、实验步骤

（一）三草酸合铁（Ⅲ）酸钾的合成

（1）称取 5 g $(NH_4)_2Fe(SO_4)_2 \cdot 6H_2O$ 固体于烧杯中，加入 20 mL 去离子水，再加入 5 滴 6 mol/L 的 H_2SO_4 对溶液进行酸化，加热并持续搅拌使其溶解。

（2）向上述溶液中再加入约 25 mL $H_2C_2O_4$ 饱和溶液，搅拌下将溶液加热至沸，然后静置冷却。待产生的黄色的 FeC_2O_4 沉淀沉降完全后，小心地吸去上层清液，并且将沉淀洗涤 2～3 次，每次约用 15 mL 蒸馏水。

（3）向上一步获得的沉淀中加入 10 mL $K_2C_2O_4$ 饱和溶液，水浴加热至 40 ℃，边搅拌边用滴管缓慢滴加 12 mL 质量分数为 5% 的 H_2O_2 溶液，维持温度 40 ℃左右，此时溶液中开始有红棕色的 $Fe(OH)_3$ 沉淀产生。

（4）滴加完 H_2O_2 溶液后，将溶液加热到沸腾，再将 8 mL $H_2C_2O_4$ 饱和溶液分两次加入体系（先加入 5 mL，然后慢慢滴加 3 mL），用蒸馏水将烧杯壁上的溶液洗至杯内（约用水 1～2 mL），加完后溶液将变成透明的亮绿色。若溶液中有浑浊，可趁热进行抽滤。滤液中加入 10 mL 质量分数为 95% 的乙醇，如果溶液中产生浑浊，微微加热可使其变清。

（5）将所得透明溶液放置于暗处，经冷却结晶，然后抽滤，用质量分数为 95% 的乙醇溶液洗涤晶体，然后在空气中自然干燥产品。称重，计算产率。产物注意避光保存。

（二）组成分析

1. 结晶水含量的测定

称取 $K_3[Fe(C_2O_4)_3] \cdot 3H_2O$ 样品 0.3 g，倒于烧杯中，放在烘箱内在 110 ℃ 条件下烘 1 h，冷却称量 m_0 g，计算结晶水含量。

2. 草酸根含量的测定

将合成的三草酸合铁（Ⅲ）酸钾粉末用分析天平称取 0.2 g 样品（称准至 0.000 1 g），倒入 250 mL 锥形瓶中，加入水 50 mL 和浓度为 6 mol/L 的 H_2SO_4 溶液 5 mL。滴定管装入 $KMnO_4$ 标准溶液，从中放出约 10 mL 至锥形瓶，摇匀后将溶液加热至 70～85 ℃，直至紫红色消失，然后再用滴定管中剩余的 $KMnO_4$ 溶液滴定热溶液，直至溶液呈微红色，并在 30 s 内不消失记为终点，记下消耗的 $KMnO_4$ 溶液体积，计算配合中所含草酸根的 m_1 值。滴定完的溶液勿倒，保留待用。

3. 铁含量测定

将上述滴定后的溶液中加入锌粉作为还原剂，加热溶液 2 min 以上，使 Fe^{3+} 还原为 Fe^{2+}，溶液的黄色消失，然后过滤除去过量的锌粉，并少量多次地洗涤锌粉。将滤液和洗液混合，一并转入另一个干净的锥形瓶，并补加 2 mL 浓盐酸，用 $KMnO_4$ 标准溶液滴定至微红色，并在 30 s 内不消失记为终点，记下消耗的 $KMnO_4$ 溶液体积，计算所含铁的值 m_2。

4. 钾含量确定

由测得 H_2O、$C_2O_4^{2-}$、Fe^{3+} 的含量 m_0、m_1、m_2 可计算出 K^+ 的含量 m_3，确定配合物的化学式。

五、思考题

（1）为什么在合成过程中滴完 H_2O_2 后还要将溶液煮沸？

（2）为什么在合成产物的最后一步要加入质量分数为 95% 的乙醇？

（3）能否通过蒸干溶液的措施来提高产率？为什么？

（4）本实验中的 $K_3[Fe(C_2O_4)_3] \cdot 3H_2O$ 可用加热脱水的差减法测定其结晶水含量，是否所有含结晶水的物质都能以这种方法进行测定？请解释为什么。

实验二十二　过碳酸钠的制备及活性氧分析

一、实验目的

（1）掌握过碳酸盐的合成方法。

（2）了解活性氧含量分析的基本原理和方法。

（3）学习正交实验的设计及分析。

二、实验原理

过碳酸钠又名过氧化碳酸钠 $Na_2CO_3 \cdot 1.5H_2O_2$，是碳酸钠和过氧化氢的加和物，是一种固体放氧剂。Na_2CO_3 和 H_2O_2 在一定条件下反应生成过碳酸钠（ $2Na_2CO_3 \cdot 3H_2O_2$ ），为放热反应，其反应式如下：

$$2Na_2CO_3 + 3H_2O_2 =\!=\!=\!= 2Na_2CO_3 \cdot 3H_2O_2 + Q$$

过碳酸钠化学稳定性差，重金属离子或其他杂质污染，或高温、高湿等因素都易使其分解，从而降低过碳酸钠活性氧含量。其分解反应式如下：

$$2Na_2CO_3 \cdot 3H_2O_2 =\!=\!=\!= 2Na_2CO_3 \cdot H_2O + H_2O + 3/2 O_2 \uparrow$$

$$2Na_2CO_3 \cdot 3H_2O_2 =\!=\!=\!= 2Na_2CO_3 + 3H_2O + 3/2 O_2 \uparrow$$

过碳酸钠分解后，其活性氧的含量降低，因为活性氧分解成了 H_2O 和 O_2。由此可见，通过在不同条件下测定其活性氧的含量，即可研究过碳酸钠的稳定性。

三、实验仪器与试剂

仪器：电动搅拌器、滴定装置、恒温水浴锅、抽滤装置、三颈烧瓶、烧杯（100 mL、1 L）、玻璃棒、锥形瓶（250 mL）、表面皿等。

试剂：无水 Na_2CO_3（AR）、Mg_2SO_4（AR）、30%H_2O_2（AR）、95% 的乙醇（AR）、硅酸钠（AR）、H_2SO_4（AR）、草酸钠（AR）、$KMnO_4$（AR）等。

四、实验内容及步骤

（一）过碳酸钠的制备

称取 6.0 g 无水 Na_2CO_3 于烧杯中，用 20 mL 去离子水配成 Na_2CO_3 饱和溶液，依次加入稳定剂 Mg_2SO_4 0.12 g、硅酸钠晶体 0.21 g，充分搅拌，然后加入 20 mL 95% 的乙醇，继续搅拌，在上述混合液中边搅拌边缓慢滴加 11.6 mL 30% 的 H_2O_2 溶液，加完后继续搅拌，置于 15 ℃条件下反应 1 h 后，进行抽滤，并用 95% 的乙醇洗涤 2～3 次，将抽滤所得产品在 85 ℃条件下干燥 2 h，即得过碳酸钠产品。

（二）活性氧含量的分析测定

1. 溶液配制

标准溶液的配制：称取 3.16 g $KMnO_4$ 于 1 000 mL 烧杯中，用去离子水稀释至刻度待标定。

1 mol/L H_2SO_4 溶液的配制：量取 10 mL 18 mol/L 的浓 H_2SO_4 加入盛有约 50 mL 去离子水的 250 mL 烧杯，用去离子水稀释至 180 mL 备用。

6% 的 H_2SO_4 溶液的配制：量取 34 mL 18 mol/L 的浓 H_2SO_4 加入盛有约 400 mL 去离子水的 1 000 mL 烧杯中，用去离子水稀释至 1 000 mL 备用。

2. 标准溶液标定

准确称取 0.150 0 g 左右的干燥的 $Na_2C_2O_4$ 3 份，分别置于 250 mL 锥形瓶中，加入 10 mL 水溶解，再加入 30 mL 1 mol/L 的 H_2SO_4 溶液并加热至 75～85 ℃，立即用待标定的 $KMnO_4$ 溶液滴定，直至呈粉红色并在 30 s 内不退色计为终点，记录所 $KMnO_4$ 溶液消耗的体积。

3. 活性氧含量的测定

称量约 0.15～0.25 g 的过碳酸钠试样两份（称准至 0.000 1 g），分别置于两个 250 mL 的锥形瓶中，然后各加入 100 mL（浓度为 6%）硫酸溶液，以 $KMnO_4$ 标准溶液滴定，当溶液呈粉红色并在 30 s 内不消失时计为终点，记录所消耗的 $KMnO_4$ 的体积，最后计算活性氧含量。活性氧含量的计算公式如下：

$$活性氧含量 = 4CV/Q \times 100\% \tag{3-53}$$

式中：C 为 $KMnO_4$ 溶液的浓度，单位：mol/L；V 为 $KMnO_4$ 溶液的用量，单位：mL；Q 为过碳酸钠的质量，单位：g。

五、数据记录及处理

（一）产品的制备

产品性状：_____。

产量 /g：_____。

理论产量 /g：_____。

产率 /%：_____。

（二）KMnO₄ 标准溶液的标定

KMnO₄ 标准溶液浓度的计算式：

$$c = \frac{2\,m \times 1\,000}{5\,ZV} \tag{3-54}$$

式中：m 为 $Na_2C_2O_4$ 的质量，单位：g；Z 为 $Na_2C_2O_4$ 的相对分子质量，单位：g/mol；V 为所消耗 KMnO₄ 的体积，单位：mL。

用 $Na_2C_2O_4$ 标定 KMnO₄ 溶液的反应方程式如下：

$$2MnO_4^- + 5C_2O_4^{2-} + 16H^+ === 2Mn^{2+} + 10CO_2 \uparrow + 8H_2O$$

KMnO₄ 标准溶液浓度的标定如表 3-27 所示。

表3-27　KMnO₄标准溶液的标定

序　号	1	2	3
m（$Na_2C_2O_4$）/g			
V（KMnO₄）/mL			
C（KMnO₄）/（mol/L）			
$\bar{C}$ /（mol/L）			

（三）过碳酸钠活性氧含量的分析

本组实验所得过碳酸钠活性氧含量分析数据及处理如表 3-28 所示。

表3-28　过碳酸钠活性氧含量分析数据及处理

序　号	m（过碳酸钠）/g	V（$KMnO_4$）/mL	活性氧含量 /%	平均值 /%
1				
2				

实验二十三　硫代硫酸钠的制备与性质

一、实验目的

（1）学习用硫化钠制备硫代硫酸钠的原理和方法。

（2）巩固蒸发浓缩、减压过滤、结晶等基本操作。

（3）学习硫代硫酸钠的化学性质和检验方法。

二、实验原理

硫代硫酸钠（$Na_2S_2O_3$）俗称"海波"，别名"大苏打"，无色透明单斜晶体，是最重要的硫代硫酸盐。硫代硫酸钠易溶于水，不溶于乙醇，具有较强的还原性和配位能力，是冲洗照相底片的定影剂，有关反应如下：

$$2AgBr + 2Na_2S_2O_3 \rightleftharpoons [Ag(S_2O_3)_2]^{3-} + 2NaBr$$

硫代硫酸钠也是棉织物漂白后的脱氯剂，定量分析中的还原剂。有关反应如下：

$$2Ag^+ + S_2O_3^{2-} \rightleftharpoons Ag_2S_2O_3$$

$$Ag_2S_2O_3 + H_2O \rightleftharpoons Ag_2S + H_2SO_4$$

（此反应用作 $S_2O_3^{2-}$ 的定性鉴定）

$$2S_2O_3^{2-} + I_2 \rightleftharpoons S_4O_6^{2-} + 2I^-$$

制备 $Na_2S_2O_3 \cdot 5H_2O$ 的方法有多种，工业和实验室中的主要方法是亚硫酸钠法：

$$Na_2SO_3 + S + 5H_2O \rightleftharpoons Na_2S_2O_3 \cdot 5H_2O$$

反应液经脱色、过滤、浓缩结晶、过滤、干燥即得产品。

$Na_2S_2O_3 \cdot 5H_2O$ 的熔点很低，为 $40 \sim 45\ ℃$，$48\ ℃$ 时开始分解，因此在蒸发浓缩过程中一定不能过度蒸发。

三、实验仪器及试剂

仪器：台秤、玻璃棒、蒸发皿、烧杯、抽滤瓶、水浴锅、布氏漏斗、试管、酒精灯、长颈漏斗、锥形瓶、滤纸、酸式滴定管。

试剂：Na_2SO_3（s）、硫粉、95% 的乙醇、$AgNO_3$（0.1 mol/L）溶液、HAc-NaAc 缓冲溶液（0.1 mol/L，pH = 5.5）、I_2 标准溶液（0.100 0 mol/L）、淀粉溶液（0.2%）、酚酞。

四、实验内容及步骤

（一）产品制备

产品制备的实验步骤及具体操作如表 3-29 所示。

表3-29　产品制备的实验步骤及具体操作

序　号	实验步骤	具体操作
1	硫代硫酸钠的制备	称取 2 g 硫粉，研碎后置于 100 mL 烧杯中，用 1 mL 乙醇润湿，再加入 6 g Na_2SO_3、30 mL 水，加热并搅拌至沸腾后改用小火加热，搅拌并保持微沸 40 min 以上，直至仅剩下少量硫粉漂浮在液面上（注意：若体积小于 20 mL，应加水至 20 mL 以上）
2	过　滤	趁热过滤（应将长颈漏斗先用热水预热后过滤），滤液转移至蒸发皿中
3	蒸　发	水浴加热，蒸发滤液直至溶液中出现一些晶体，冷却使大量晶体析出（若冷却时间较长无晶体析出，可搅拌或投入一粒 Na_2SO_3 晶体以促使晶体析出）
4	减压蒸馏	减压过滤，并用少量乙醇洗涤晶体，抽干。40 ℃烘干，称重，计算产率

（二）定性检验

取少量自制的 $Na_2S_2O_3·5H_2O$ 晶体溶于 5 mL 水中，取 4 滴 0.1 mol/L 的 $AgNO_3$ 溶液中滴加自配的 Na_2SO_3 溶液，观察反应现象。

（三）定量测定

称取约 0.5 g $Na_2S_2O_3·5H_2O$ 晶体，置于锥形瓶中，用少量水溶解，滴入 1 ～ 2 滴酚酞，再注入 10 mL HAc–NaAc 缓冲溶液。以淀粉为指示剂，用 0.100 0 mol/L 的碘标准溶液滴定，直至蓝色消失且 30 s 内不变。计算 $Na_2S_2O_3 \cdot 5H_2O$ 的含量。

五、注意事项

（1）蒸发浓缩时应注意速度，太快产品容易结块；太慢则产品难以形成结晶。

（2）反应中的硫粉后期不需再多加，因为用量已经是过量的。

（3）蒸发浓缩至晶膜出现即需停止加热，并自然冷却。

实验二十四　$I_3^- \rightleftharpoons I_2 + I^-$ 体系平衡常数的测定

一、实验目的

（1）学会测定 $I_3^- \rightleftharpoons I_2 + I^-$ 的平衡常数。

（2）了解化学平衡和平衡移动的原理。

（3）巩固滴定的基本操作。

二、实验原理

KI 溶液中加入碘单质时，溶液将形成 I_3^-，并建立下列平衡。

$$I_3^- \rightleftharpoons I_2 + I^-$$

在一定温度条件下，其平衡常数可表达为

$$K = \frac{\alpha_{I^-} \cdot \alpha_{I_2}}{\alpha_{I_3^-}} = \frac{\gamma_{I^-} \cdot \gamma_{I_2}}{\gamma_{I_3^-}} \cdot \frac{[I^-][I_2]}{[I_3^-]} \tag{3-55}$$

式中：α 为活度，γ 为活度系数，$[I^-]$、$[I_2]$、$[I_3^-]$ 为平衡时各物质的浓度。在离子强度很小的溶液中：

$$\frac{\gamma_{I^-} \cdot \gamma_{I_2}}{\gamma_{I_3^-}} \approx 1 \tag{3-56}$$

所以有

$$K = \frac{[I^-][I_2]}{[I_3^-]} \qquad (3\text{-}57)$$

为了测定平衡常数，需要测平衡时的 $[I^-]$、$[I_2]$、$[I_3^-]$。在一已知浓度的 KI 溶液中加入过量的固体碘，小幅振荡，使反应达到平衡，上层清液中便存在三者的平衡，与未溶解的单质碘分离后，以已知浓度的硫代硫酸钠标准溶液滴定。

$$2\,NaS_2O_3 + I_2 =\!=\!=\!= 2\,NaI + Na_2S_4O_6$$

由于上层清液中是存在 $I_3^- \rightleftharpoons I_2 + I^-$ 平衡的，用硫代硫酸钠溶液所滴定的是 I_2 和 I_3^- 的总浓度。可以设这个浓度为 c，则

$$c = [I_2] + [I_3^-] \qquad (3\text{-}58)$$

在与上述实验相同的温度条件下，用过量的固体碘与水达到反应平衡，去除未溶解的单质碘，以已知浓度的硫代硫酸钠标准溶液滴定，可得到溶液中的 $[I_2]$，为方便，设这个浓度为 c'，即

$$[I_2] = c' \qquad (3\text{-}59)$$

整理上式得：

$$[I_3^-] = c - [I_2] = c - c' \qquad (3\text{-}60)$$

从 $I_3^- \rightleftharpoons I_2 + I^-$ 可以看出，形成一个 I_3^- 需消耗一个 I^-，所以平衡时的 $[I^-]$ 可表示为

$$[I^-] = -[I_3^-] \qquad (3\text{-}61)$$

式中：c_0 为 KI 的已知的起始浓度。将 $[I_2]$、$[I_3^-]$ 和 $[I^-]$ 代入式（3-57），即可求得实验温度条件下的平衡常数 K。

三、实验仪器及试剂

实验所用仪器如表 3-30 所示。

表3-30　实验所用仪器

仪　器	规　格	仪　器	规　格
量　筒	10 mL、100 mL	移液管	50 mL

续 表

仪 器	规 格	仪 器	规 格
吸量管	10 mL	碱式滴定管	50 mL
碘量瓶	100 mL、250 mL	锥形瓶	250 mL

实验所用试剂如表 3-31 所示。

表3-31　实验所用试剂

试 剂	规 格	试 剂	规 格
碘	分析纯	KI	0.010 0 mol/L
淀粉溶液	0.2%	KI	0.020 0 mol/L
$Na_2S_2O_3$ 标准溶液	0.005 0 mol/L		

四、实验内容及步骤

实验内容及具体步骤如表 3-32 所示。

表3-32　实验内容及步骤

步 骤	内 容
溶 解	取 2 只干燥的 100 mL 碘量瓶和 1 只 250 mL 碘量瓶，分别编号 1、2、3。用量筒分别量取 80 mL 0.010 0 mol/L 的 KI 溶液注入 1 号瓶，取 80 mL 0.020 0 mol/L 的 KI 溶液注入 2 号瓶，取 200 mL 蒸馏水注入 3 号瓶。然后在每个瓶内各加入 0.5 g 研细的 I_2，盖好瓶塞
平 衡	将 3 只碘量瓶在室温下振荡或者在磁力搅拌器上搅拌 30 min，然后静置 10 min，待过量固体碘完全沉于瓶底后，取上层清液进行滴定
滴定 c	用 10 mL 吸管取 1 号瓶上层清液两份，分别注入 250 mL 锥形瓶中，再各注入 40 mL 蒸馏水，用 0.005 0 mol/L 的标准硫代硫酸钠溶液滴定，滴至呈淡黄色时（注意不要滴过量），注入 4 mL 0.2% 的淀粉溶液，此时溶液应呈蓝色，继续滴定，至蓝色刚好消失。记下所消耗的硫代硫酸钠溶液的体积数
滴定 c'	用 50 mL 吸管取 3 号瓶上层清液两份，用 0.005 0 mol/L 的标准硫代硫酸钠溶液滴定，方法同上

五、数据记录和数据处理

相关数据记录如表 3-33 所示。

表3-33 实验数据记录

瓶　号		1	2	3
取样体积 V/mL		10.00	10.00	50.00
$Na_2S_2O_3$ 溶液的用量 /mL	I			
	II			
	平　均			
$Na_2S_2O_3$ 溶液的浓度 / (mol/L)				
$[I_2]$ 与 $[I_3^-]$ 的总浓度 / (mol/L)				
水溶液中碘的平衡浓度 / (mol/L)				
$[I_2]$ / (mol/L)				
$[I_3^-]$ / (mol/L)				
c_0 / (mol/L)				
$[I^-]$ / (mol/L)				
K				
K 平均值				

用 $Na_2S_2O_3$ 标准溶液滴定碘时，相应的碘的浓度计算方法如下。

1、2 号瓶：

$$c = \frac{c_{Na_2S_2O_3} V_{Na_2S_2O_3}}{2 V_{KI-I_2}} \tag{3-62}$$

3 号瓶：

$$c' = \frac{c_{Na_2S_2O_3} V_{Na_2S_2O_3}}{2 V_{H_2O-I_2}} \tag{3-63}$$

本实验测定 K 值在 $1.0 \times 10^{-3} \sim 2.0 \times 10^{-3}$ 范围内合格（文献值 $K = 1.5 \times 10^{-3}$ ）。

六、注意事项

（1）碘单质容易挥发，吸取的上层清液应尽快滴定，滴定时也应注意不要过于剧烈地摇动溶液。

（2）淀粉加入的时机很重要，如果太早，溶液中大量的 I_2 被淀粉吸附，蓝色褪去迟钝。如果太迟，则观察不到蓝色。

七、思考与讨论

（1）本实验中固体碘和 KI 溶液反应时，如果碘的量不够，对结果有影响吗？为什么？

（2）配制平衡体系用量筒量取 KI 溶液，而滴定分析时却要用移液管准确移取含碘上层清液，理由是什么？实验中单质碘的用量是否要准确称取？

（3）滴定实验中，是采用酸式滴定管还是碱式滴定管装标准硫代硫酸钠溶液？

（4）为什么实验中配制 I_2（s）的饱和 KI 溶液时需花较多时间，不仅需要在室温下振荡 30 min，还必须静止 10 min 让 I_2 沉于瓶底？

实验二十五　硫、盐混酸中氯含量的测定
——硫氰酸钾滴定法

一、实验目的

（1）了解含 H_2SO_4 的废液中氯含量测定的预处理。

（2）掌握 $AgNO_3$ 标准溶液与 KSCN 标准溶液的配制、标定及保存要点。

（3）了解消除干扰的方法。

二、实验原理

电解锌工艺过程中会产生大量的含氯废酸，为了充分脱氯并将废酸回用，需随时检测废酸中的 Cl^- 浓度。Cl^- 浓度的检测方法有多种，其各有优

缺点。硫氰酸钾滴定法（返滴定法）检测限高，精度高，操作简单，因而常被采用。

在含氯溶液中加入过量且已知浓度的 $AgNO_3$ 溶液，生成 AgCl 沉淀，过滤除去，多余的 Ag^+ 以 KSCN 标准溶液滴定，以硫酸铁铵为指示剂，当滴定至溶液由白色至出现血红色，并在半分钟内不变色记为终点。根据加入的 $AgNO_3$ 溶液的体积及滴定消耗的 KSCN 标准溶液体积，即可算出 Cl^- 的浓度。滴定开始时生成 Ag(SCN) 白色沉淀，随着滴定进行，Ag^+ 不断减少，当其消耗完时，再加一滴 KSCN 标准溶液则和 Fe^{3+} 反应生成 $Fe(SCN)_3$ 血红色配合物，发生的反应如下：

$$Cl^- + Ag^+ \rightleftharpoons AgCl \downarrow （白色）$$

$$SCN^- + Ag^+ \rightleftharpoons Ag(SCN) \downarrow （白色）$$

$$SCN^- + Fe^{3+} \rightleftharpoons Fe(SCN)_3 （红色）$$

废酸为 H_2SO_4-HCl 混合溶液，其中的 SO_4^{2-} 会与 Ag^+ 反应，带来滴定误差。因此，滴定之前需加入过量的 $Ba(NO_3)_2$，将 SO_4^{2-} 除去。

三、实验仪器与试剂

仪器：台秤、分析天平、酸式滴定管、容量瓶、锥形瓶、布氏漏斗、抽滤瓶等。

试剂：电镀锌废酸（湘西某厂）、NaCl 基准试剂、0.1 mol/L 的 $AgNO_3$ 溶液、0.1 mol/L 的 KSCN 溶液、10% 的 K_2CrO_4 指示剂溶液、硫酸铁铵指示剂溶液{将 10 mL 硝酸（1+2）加入 100 mL 冷的硫酸铁（Ⅲ）铵 [$NH_4Fe(SO_4)_2 \cdot 12H_2O$] 饱和水溶液中}。

四、实验步骤

（一）0.1 mol/L 的 $AgNO_3$ 标准溶液的标定

准确称取基准试剂 NaCl 3 份，每份 0.12 ~ 0.15 g，放入 250 mL 锥形瓶中，加入 50 mL 不含 Cl^- 的蒸馏水，待试剂完全溶解后，加入 2 mL K_2CrO_4 指示剂。在充分摇动下，用配好的 $AgNO_3$ 标准溶液滴定，至溶液呈砖红色并保持 30 s 不褪色即为终点。平行测定 3 次，记录 $AgNO_3$ 标准溶液消耗的体积并计算 $AgNO_3$ 溶液的浓度。

（二）0.1 mol/L 的 KSCN 标准溶液的标定

取已知浓度的 $AgNO_3$ 标准溶液 25.00 mL 3 份，放入 250 mL 锥形瓶中，加入 25 mL 不含 Cl^- 的蒸馏水以及 5 mL 硫酸铁铵指示剂溶液，用 KSCN 标准溶液滴定，滴定至微红色，并在 30 s 内不褪色即为终点。记录滴定所用的 KSCN 标准溶液消耗的体积并计算 KSCN 溶液的浓度。

（三）氯含量的测定

加入过量的 $Ba(NO_3)_2$ 固体于 20 mL 试样中，搅拌使其充分沉淀，进行常压过滤。滤液转入锥形瓶中，再准确移取 25.00 mL $AgNO_3$ 标准溶液，预先用 HNO_3（1+100）洗涤过的慢速滤纸进行抽滤，滤液收集于 250 mL 锥形瓶中，用 HNO_3（1+100）洗涤烧杯、玻璃棒和滤纸，直至滤液和洗液总体积达到约 100 mL，加入 5 mL 硫酸铁铵指示剂，用 KSCN 标准溶液滴定，滴定至微红色在 30 s 内不褪色即为终点。计算试样中 Cl^- 的含量。

五、注意事项

若配置的 $AgNO_3$ 溶液有白色浑浊现象，可进行常压过滤得到澄清的 $AgNO_3$ 溶液，过滤后需重新进行标定。

六、实验记录与数据处理

依据上述测定结果，计算 Cl^- 的含量。

实验二十六　四氧化三铅组成的测定

一、实验目的

（1）测定 Pb_3O_4 的组成。
（2）进一步练习碘量法的基本操作。

二、实验原理

Pb_3O_4 为红色粉末状固体，又称铅丹或红丹。该物质为混合价态氧化物，其化学式可写成如下形式：

$$Pb_2PbO_4 \rightleftharpoons 2PbO \cdot PbO_2$$

式中，氧化数为 +2 的 Pb 占 2/3，氧化数为 +4 的 Pb 占 1/3。但根据其结构，Pb_3O_4 应为铅酸铅 Pb_2PbO_4。

Pb_3O_4 与 HNO_3 的反应式如下：

$$Pb_3O_4(s) + 4HNO_3(足量) \rightleftharpoons PbO_2 + 2Pb(NO_3)_2 + 2H_2 \uparrow$$
$$（红色）\qquad\qquad（棕黑色）$$

由于 PbO_2 的生成，固体的颜色很快从红色变为 PbO_2 和 Pb_3O_4 的混合色棕黑色。

EDTA 是一种常用的配位能力强的多齿配体，它可与多种金属离子以 1∶1 的比例生成稳定的螯合物，如 Pb^{2+} 反应如下：

$$Pb^{2+} + H_2Y^{2-}（EDTA标准溶液） \rightleftharpoons PbY^{2-} + 2H^+$$

在控制适当的溶液 pH 的条件下，选用适当的指示剂，就能以 EDTA 标准溶液对溶液中的目标金属离子进行定量测定。

本实验中，Pb_3O_4 经 HNO_3 分解后生成 Pb^{2+}，用六亚甲基四胺控制溶液的 pH 为 5 ~ 6，以二甲酚橙为指示剂，用 EDTA 标准液进行测定。

定量关系：

$$n(PbO) = n(Pb^{2+}) = (cV)EDTA \qquad (3-64)$$

$$M(PbO) = 223.2 \text{ g/ mol} \qquad (3-65)$$

PbO_2 的氧化能力很强，它能在酸性溶液中定量地将溶液中的 I^- 氧化，从而可用碘量法来测定所生成的 PbO_2 的量：

$$PbO_2 + 4I^-（足量） + 4HAc \rightleftharpoons PbI_2 + I_2 + 2H_2O + 4Ac^-（金黄色溶液）$$

PbI_2、I_2 溶于 KI：

$$PbI_2 + 2KI \rightleftharpoons K_2PbI_4（无色溶液）$$

$$I_2 + I^- \rightleftharpoons I_3^-（棕色溶液）$$

$$I_3^- + 2S_2O_3^{2-} \rightleftharpoons 3I^- + S_4O_6^{2-}$$

定量关系：

$$PbO_2 \rightarrow I_2 \rightarrow 2Na_2S_2O_3$$

$$n(PbO_2) = \frac{1}{2}(cV)Na_2S_2O_3 \qquad (3-66)$$

$$M(PbO_2) = 239.2 \text{ g/mol} \tag{3-67}$$

三、实验仪器与试剂

仪器：分析天平（0.1 mg）、台秤、称量瓶、干燥器、锥形瓶（250 mL）、布氏漏斗、量筒（10 mL，100 mL）、烧杯（50 mL）、吸滤瓶、洗瓶、酸式滴定管（50 mL）、碱式滴定管（50 mL）、循环水式多用真空泵、滤纸、pH试纸。

试剂：EDTA标准溶液（0.01 mol/L）、$Na_2S_2O_3$ 标准溶液（0.01 mol/L）、HAc-NaAc（1：1）混合液、1：1的 $NH_3 \cdot H_2O$、六亚甲基四胺（20%）、淀粉（2%）、Pb_3O_4（AR）、KI（AR）。

四、实验步骤

（一）Pb_3O_4 的分解

用差量法准确称取 0.05 ~ 0.06 g 干燥的 Pb_3O_4，置于 50 mL 的小烧杯中，同时加入 6 mol/L 的 HNO_3 溶液 2 mL，用玻璃棒搅拌，反应过程中可看到红色的 Pb_3O_4 很快变为棕黑色的 PbO_2。趁热抽滤，用 10mL 蒸馏水少量多次地洗涤固体，滤液及固体都需保留，以供下面实验使用。

（二）PbO 含量的测定

将上一步得到的滤液全部转入一支洁净的锥形瓶中，加入 5 滴二甲酚橙作为指示剂，此时溶液呈黄色。然后逐滴加入 1：1 的氨水，至变为橙色，再加入 20% 的六亚甲基四胺溶液，直至溶液变成紫红色或橙红色，再过量 5 mL，调整溶液的 pH 处于 5 ~ 6。以 EDTA 标准液滴定，直至溶液为亮黄色并在半分钟内不变色时，记为终点。

（三）PbO_2 含量的测定

将第一步抽滤得到的固体 PbO_2 连同滤纸一并置于另一只碘量瓶中，加入 30 mL HAc-NaAc 混合液，再加入 0.8g 固体 KI，小幅振荡碘量瓶，使 PbO_2 全部溶解，此时溶液呈透明的棕色。以 $Na_2S_2O_3$ 标准溶液滴定至溶液呈淡黄色时，加入 1 mL 2% 的淀粉液，溶液呈深蓝色，继续滴定至溶液的蓝色刚好褪去，并在半分钟内不返色，记下所用去的 $Na_2S_2O_3$ 溶液的体积。

五、实验记录与处理

记录实验数据，计算试样中 Pb^{2+} 与 Pb^{4+} 的摩尔比，以及 Pb_3O_4 在试样中的质量分数。本实验要求，Pb^{2+} 与 Pb^{4+} 摩尔比为 2 ± 0.05，Pb_3O_4 在试样中的质量分数大于或等于 95% 时方为合格。

六、注意事项

（1）严格控制试剂的加入量和加入顺序。
（2）指示剂加入时机、颜色的判断须准确。

七、思考题

（1）根据实验结果分析产生误差的原因。
（2）自行设计另外一个实验，测定 Pb_3O_4 的组成。
（3）能否加 H_2SO_4 或 HCl 溶液使 Pb_3O_4 分解？理由是什么？
（4）能否加 HNO_3 或 HCl 溶液以替代 HAc 产生酸性环境以满足 PbO_2 氧化 I^- 的需要？

实验二十七 液－液溶剂萃取法分离 Fe（Ⅲ）和 Al（Ⅲ）

一、实验目的

（1）学习萃取分离法的基本原理。
（2）初步了解铁、铝离子不同的萃取行为。
（3）巩固分光光度法测定离子浓度的方法及操作。
（4）培养独立设计实验的能力。

二、实验原理

天然的铝矿物中往往伴生有铁，在酸法浸出时，铁伴着铝进入溶液，影响了后续铝的提取和加工。因此。需进行铁和铝的分离。尽管在酸性溶液中铁和铝都以三价的离子形态存在，但由于它们的离子半径及电子结构的不同，表现出不同配位能力（Fe^{3+}极易与其配位，Al^{3+}几乎不与之反应）。有机酸性磷类萃取剂（如2-乙基己基磷酸单2-乙基己基酯，国内产品代号P507）对两者表现出完全不同的配位结合能力。当有机相和水相混合时，金属离子与有机磷萃取剂反应后具有疏水性，可溶于磺化煤油中。因此，金属离子就从水相转移到了有机相，即Fe^{3+}进入有机相，而Al^{3+}仍在水相。

将铁由有机相转移到水相中的过程叫反萃取，将含铁的有机相与较高浓度的硫酸溶液混合，其中的H^+可取代Fe^{3+}而与萃取剂发生反应，结果是H^+可进入有机相而Fe^{3+}进入了水相，恢复了初始的状态，达到了Fe^{3+}、Al^{3+}分离的目的。

三、实验仪器与试剂

仪器：烧杯、容量瓶、吸量管、梨型分液漏斗、分液漏斗架、量筒等。

试剂：P507、稀释剂磺化煤油、浓H_2SO_4、$Fe(NO_3)_3$（AR）、$Al(NO_3)_3$（AR）。

四、实验步骤

（一）反应物溶液配制

配制含$Fe(NO_3)_3$、$Al(NO_3)_3$及H_2SO_4各0.5 mol/L的混合溶液250 mL；配制2.0 mol/L的H_2SO_4溶液250 mL。

（二）萃取

将含有萃取剂P507的有机相和含铁、铝离子的水相按一定体积比加入分液漏斗中，手动振荡混合一定时间后，静置至两相分层，取下层水相分析，测定其中Fe^{3+}、Al^{3+}的浓度。

设计方案分别进行如下方面的研究。

（1）振荡时间对离子萃取的影响。

（2）P507浓度对离子萃取的影响。

（3）相比对离子萃取的影响。

（4）温度对离子萃取的影响。

（三）反萃取

将萃取了Fe^{3+}的有机相和2.0 mol/L的H_2SO_4溶液按一定体积比加入分

液漏斗中，手动振荡混合一定时间后，静置至两相分层，取下层水相分析，测定其中 Fe^{3+}、Al^{3+} 的浓度。

（四）离子浓度测定

萃取前后的水相中的 Fe^{3+}、Al^{3+} 浓度通过分光光度法分析。

五、数据记录及处理

（1）记录并绘制不同温度、时间、P507 浓度、相比对 Fe^{3+}、Al^{3+} 萃取率 E 的影响图。

$$E = \frac{\text{被萃取离子在有机相中的总量}}{\text{被萃取物质原料液中的总量}} \times 100\% = \frac{c_{原}V_{原} - c_{余}V_{余}}{c_{原}V_{原}} \times 100\% \tag{3-68}$$

式中：$c_{原}$、$V_{原}$ 为原料液水相中溶质的浓度和体积；$c_{余}$、$V_{余}$ 为萃取后的余液水相中溶质的浓度和体积。

（2）记录并绘制不同温度、时间、P507 浓度、相比对 Fe^{3+}/Al^{3+} 萃取分离因子 $\beta_{Fe/Al}$ 的影响图。

$$\beta_{Fe/Al} = \frac{[c_{Fe,o}]}{[c_{Fe,w}]} \times \frac{[c_{Al,o}]}{[c_{Al,w}]} \tag{3-69}$$

$[c_{Fe,o}]$、$[c_{Fe,w}]$、$[c_{Al,o}]$、$[c_{Al,w}]$ 分别为萃取平衡时 Fe^{3+}、Al^{3+} 相分别在有机相和水相中的浓度。

六、思考题

（1）萃取操作中应如何注意安全？

（2）分光光度法测定铁时，若 Al^{3+} 有干扰应如何处理？

实验二十八 磺基水杨酸合铁（Ⅲ）配合物稳定常数的测定

一、实验目的

（1）了解光度法测定配合物的组成及其稳定常数的原理和方法。

（2）测定 pH<2.5 时磺基水杨酸铁的组成及其稳定常数。

（3）学习分光光度计的使用。

二、实验原理

磺基水杨酸（简式为H_3R）根是一种较强的配位体，能与Fe^{3+}等多种过渡金属离子形成稳定的配合物，形成的配合物的组成因溶液 pH 不同而不同。本实验将测定溶液 pH < 2.5 时磺基水杨酸合铁（Ⅲ）配离子的组成及其稳定常数。

人们通常用分光光度法测定配合物的组成，其基本原理如下。

当一束波长一定的单色光通过有色溶液时，一部分光被溶液吸收，一部分光透过溶液。

对于光被溶液吸收和透过的程度，通常有两种表示方法。

一种是用透光率 T 表示。即透过光的强度 I_t 与入射光的强度 I_0 之比：

$$T = \frac{I_t}{I_0} \tag{3-70}$$

另一种是用吸光度 A（又称消光度、光密度）表示。它是取透光率的负对数：

$$A = -\lg T = \lg \frac{I_0}{I_t} \tag{3-71}$$

A 值大表示光被有色溶液吸收的程度大，A 值小表示光被溶液吸收的程度小。

实验研究证明：有色溶液对光的吸收程度与溶液中有色物质的浓度 c 和光穿过的液层厚度 d 的乘积成正比。这一规律称朗伯 - 比尔定律：

$$A = \varepsilon c d \tag{3-72}$$

式中：ε 为消光系数（或吸光系数）。一定波长条件下，它是有色物质的一个特征常数。

在所测的溶液中，磺基水杨酸配体没有颜色，所用的 Fe^{3+} 溶液的浓度很小，也可以认为没有颜色，体系中只有磺基水杨酸铁配离子（MR_n）有颜色。因此，根据朗伯 - 比尔定律，通过对溶液吸光度的测定，可以求出该配离子的组成。

下面介绍一种常用的测定方法。

等摩尔系列法：用一定波长的单色光，测定一系列组分变化的溶液的吸光度（中心离子 M 和配体 R 的总物质的量保持不变，而 M 和 R 的摩尔分数连续变化）。显然，在这一系列溶液中，有一些溶液的金属离子是过量的，而另一些溶液配体也是过量的；在这两部分溶液中，配离子的浓度都不可能达到最大值；只有当溶液中金属离子与配体的物质的量比与配离子的组成一致时，配离子的浓度才能最大。由于中心离子和配体对光几乎不吸收，配离子的浓度越大，溶液的吸光度也越大。总的说来，就是在特定波长下，测定一系列的 $[R]/([M]+[R])$ 组成溶液的吸光度 A，作 $A-[R]/([M]+[R])$ 的曲线图，则曲线必然存在着极大值，而极大值所对应的溶液组成就是配合物的组成，但是，当金属离子 M 和（或）配体 R 实际存在着一定程度的吸收时，所观察到的吸光度 A 就并不是完全由配合物 MR_n 的吸收所引起，此时需要加以校正，其校正的方法如下。

　　分别测定单纯金属离子和单纯配离子溶液的吸光度 M 和 N。在 $A'-[R]/([M]+[R])$ 的曲线图上，$[R]/([M]+[R])$ 等于 0 或 1.0 的两点作直线 MN，则直线上所表示的不同组成的吸光度数值，可以认为是由于 $[M]$ 及 $[R]$ 的吸收所引起的。因此，校正后的吸光度 A' 应等于曲线上的吸光度数值减去相应组成下直线上的吸光度数值，即 $A'=A-A_0$，如图 3-12 所示。最后作 $A'-[R]/([M]+[R])$ 的曲线，该曲线极大值所对应的组成才是配合物的实际组成，如图 3-13 所示。

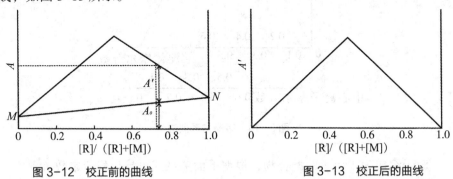

图 3-12　校正前的曲线　　　　　　　　图 3-13　校正后的曲线

　　设 $x_{(R)}$ 为曲线极大值所对应的配体的摩尔分数：

$$x_{(R)} = \frac{[R]}{[M]+[R]} \tag{3-73}$$

则配合物的配位数为

$$n = \frac{[R]}{[M]} = \frac{x_{(R)}}{1 - x_{(R)}} \qquad (3-74)$$

由图 3-14 可看出，最大吸光度 A 点可被认为 M 和 R 全部形成配合物时的吸光度，其值为 ε_1。

达到反应平衡后，有一部分配离子是解离的，其实际浓度要比理论计算稍小，所以实验测得的最大吸光度在 B 点，其值为 ε_2，因此配离子的解离度 α 可表示为

$$\alpha = \frac{\varepsilon_1 - \varepsilon_2}{\varepsilon_1} \qquad (3-75)$$

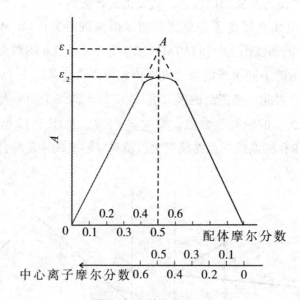

图 3-14 等摩尔系列法

对于组成为 1：1 的配合物，根据下面关系式可导出稳定常数 K。

$$M+R \Longrightarrow MR$$

平衡浓度为

$$K = \frac{[MR]}{[M][R]} = \frac{1 - \alpha}{c\alpha^2} \qquad (3-76)$$

其中：c 是相应于 A 点的金属离子的浓度。

三、实验仪器与试剂

仪器：721 分光光度计、烧杯、容量瓶（100 mL）、吸量管（10 mL）、锥形瓶（150 mL）。

试剂：$HClO_4$（0.01 mol/L）、磺基水杨酸（0.010 0 mol/L）、Fe^{3+} 溶液（0.010 0 mol/L）。

四、实验步骤

（一）配制系列溶液

（1）配制 0.001 0 mol/L 的 Fe^{3+} 溶液。准确吸取 10.0 mL 0.010 0 mol/L 的 Fe^{3+} 溶液，加入 100 mL 容量瓶中，用 0.01 mol/L 的 $HClO_4$ 溶液稀释至刻度，摇匀备用。

同法配制 0.001 0 mol/L 的磺基水杨酸溶液。

（2）用 3 支 10 mL 吸量管按表 3-34 列出的体积，分别吸取 0.01 mol/L 的 $HClO_4$、0.001 0 mol/L 的 Fe^{3+} 溶液和 0.001 0 mol/L 的磺基水杨酸溶液。

（二）测定系列溶液的吸光度

用 721 型分光光度计（波长 500 nm 的光源）测系列溶液的吸光度。将测得的数据记入表 3-34。

表3-34　系列溶液的吸光度

序　号	$HClO_4$ 溶液体积/mL	Fe^{3+} 溶液的体积/mL	H_3R 溶液的体积/mL	H_3R 摩尔分数	吸光度
1	10.00	10.00	0.00		
2	10.00	9.00	1.00		
3	10.00	8.00	2.00		
4	10.00	7.00	3.00		
5	10.00	6.00	4.00		
6	10.00	5.00	5.00		
7	10.00	4.00	6.00		
8	10.00	3.00	7.00		
9	10.00	2.00	8.00		

续　表

序　号	HClO₄ 溶液体积/mL	Fe³⁺ 溶液的体积/mL	H₃R 溶液的体积/mL	H₃R 摩尔分数	吸光度
10	10.00	1.00	9.00		
11	10.00	0.00	10.00		

以吸光度对磺基水杨酸的分数作图，从图中找出最大吸收峰，求出配合物的组成和稳定常数。

五、注意事项

（1）吸量管的使用、溶液的配制、容量瓶的使用、分光光度计的使用等操作须按正确的规范进行。

（2）移取$HClO_4$、Fe^{3+}溶液和磺基水杨酸溶液的移液管要专管专用。

（3）取样过程一定要注意编号，以防溶液和序号错乱。

六、思考题

（1）测定中加高氯酸的作用是什么？

（2）若 Fe^{3+} 浓度和磺基水杨酸的浓度不恰好都是 0.010 0 mol/L，如何计算 H_3R 的摩尔分数？

（3）用等摩尔系列法测定配合物组成时，为什么说溶液中金属离子与配位体的物质的量之比正好与配离子组成相同时，配离子的浓度为最大？

（4）用吸光度对配体的体积分数作图是否可求得配合物的组成？

（5）在测定吸光度时，如果温度变化较大，对测得的稳定常数有何影响？

（6）使用分光光度计要注意哪些操作？

实验二十九　水解法制备氧化锌纳米材料

一、实验目的

（1）了解锌焙砂酸法浸出的概念和操作。

（2）掌握硫酸锌溶液纯化的原理和方法。

（3）掌握 EDTA 滴定法测定溶液中锌含量的原理和方法。

（4）了解直接沉淀法制备超细氧化物的方法。

二、实验原理

超细氧化锌（ZnO）是一种新型高功能精细无机粉料，其粒径在 1 ～ 100 nm。由于颗粒尺寸微细化，超细 ZnO 产生了 ZnO 块状材料所不具备的表面效应、小尺寸效应、量子效应和宏观量子隧道效应等，因而超细 ZnO 在磁、光、电、敏感等方面具有一些特殊的性能。

本实验以硫酸浸出铅锌矿锌焙砂，将所获得的浸出液净化除杂，然后以纯碱为沉淀得到 $ZnCO_3$，再煅烧获得超细 ZnO 粉体。

原料锌焙砂中含 ZnO 约为 65%，除此之外还含有铁、铜、镉、钴、砷、锑、镍和硅等杂质。在稀硫酸浸出的过程中，含锌化合物和杂质都被溶出而进入溶液。先以 H_2O_2 将 Fe^{2+} 氧化为 Fe^{3+}，在 pH 大于 3 的条件下 Fe^{3+} 水解产出 $Fe(OH)_3$ 沉淀，其中的 As^{3+}、Sb^{3+} 被 $Fe(OH)_3$ 吸附而被除去。再用锌粉还原法除去 Cu^{2+}、Cd^{2+}、Co^{2+} 和 Ni^{2+} 等杂质，获得纯净的 $ZnSO_4$ 溶液。

加入纯碱沉淀得到 $ZnCO_3$，再煅烧获得超细 ZnO 粉体。发生如下反应：

$$5ZnSO_4 + 5Na_2CO_3 \rule{1cm}{0.4pt} Zn_5(CO_3)_2(OH)_6 \downarrow + 5Na_2SO_4$$

$$Zn_5(CO_3)_2(OH)_6 \rule{1cm}{0.4pt} 5ZnO + 2CO_2 \uparrow + 3H_2O \uparrow$$

其工艺流程如图 3-15 所示。

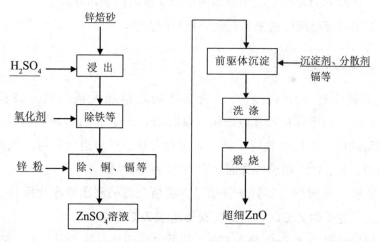

图 3-15　水解法制备 ZnO 纳米材料工艺流程图

三、实验仪器、试剂

仪器：集热式恒温磁力搅拌器、台式天平、分析天平、电热干燥箱、减压过滤装置、马弗炉、X-射线衍射仪、扫描电子显微镜、烧杯（250 mL、100 mL、50 mL）、锥形瓶（250 mL）、酸式滴定管（50 mL）/量筒（100 mL、10 mL）、移液管（25 mL、10 mL）、容量瓶（250 mL）、表面皿。

实验试剂：H_2SO_4（2 mol/L）、H_2O_2（30%）、HCl（1：1）、无水乙醇（AR）、$NH_3 \cdot H_2O$（1：1）、铬黑 T 指示剂（0.5%）、$NH_3 - NH_4Cl$ 缓冲溶液（pH = 10）、EDTA 标准溶液（0.050 00 mol/L）、无水 Na_2CO_3（AR）、锌焙砂、锌粉、ZnO（AR）、聚乙二醇 1 000（AR）。

四、实验步骤

（一）浸　出

称取 10.0 g 锌焙砂（硫化锌高温焙烧的产物）于烧杯中，加入 2 mol/L 的 H_2SO_4 50 mL，边搅拌边加热至沸，继续反应 15 min，趁热抽滤。

（二）除　杂

抽滤所得滤液加热至近沸，用少量锌焙砂（ZnS 高温焙烧的产物）调节溶液的酸度到 pH = 5 ~ 6（可用酸度计或用精密 pH 试纸检定）。停止加热，滴加（质量分数）30% 的 H_2O_2 数滴、煮沸 5 min，抽滤。将滤液加热至 70 ℃左右，加入少量锌粉，搅拌 8 ～ 10 min 后静置，取清液顺次检验溶液中的 Ni^{2+}、Cd^{2+} 是否除尽，若未尽则补加少量锌粉继续加热搅拌使之反应，都除尽后，抽滤，滤液为较纯的 $ZnSO_4$ 溶液。

（三）前驱体的合成

将获得的纯 $ZnSO_4$ 溶液进行浓缩或稀释，使其中的 Zn^{2+} 浓度为 1mol/L 左右。取其中 50 mL $ZnSO_4$ 溶液于烧杯中，将烧杯置于恒温磁力搅拌器中，向混合液中逐步滴加 1 mol/L 的 Na_2CO_3 溶液 50 mL，边滴边搅拌，滴加完全后再多反应 10 min，即能得到 ZnO 前驱体沉淀产物。抽滤、洗涤数次，取洗液加 $BaCl_2$ 溶液检验 CO_3^{2-} 和 SO_4^{2-} 是否洗尽，当无沉淀产生后，再用无水乙醇洗两次。将洗涤后的 ZnO 前驱体放入坩埚，然后置于鼓风干燥箱中 110 ℃ 下干燥 2 h 左右，得到碱式碳酸锌粉体。

（四）超细 ZnO 的制备

将干燥好的碱式碳酸锌粉体（ZnO 前驱体）置于坩埚中，然后将坩埚放入马弗炉中，在 600 ℃ 下焙烧 1 h，便可得到超细氧化锌粉。

（五）产品质量检验

（1）定性检验：取 1 g 产品溶于 5 mL 稀 H_2SO_4 中，分别检验 Cu^{2+}、Cd^{2+}、Co^{2+} 和 Ni^{2+} 是否存在。

（2）ZnO 含量的测定：准确称取 0.120 0 ～ 0.140 0 g 产品，倒入 250 mL 锥形瓶中，加少量水润湿，加 3 mL HCl 溶液，加热使试样全部溶解。静置冷却后加 50 mL 水，用氨水中和至沉淀析出并再溶解，加 10 mL NH_3-NH_4Cl 缓冲溶液，加 5 滴铬黑 T 指示剂，摇匀。用 EDTA 标准溶液滴定至溶液（由葡萄紫色）变为正蓝色即为终点。记录 VEDTA。平行滴定 3 次。

ZnO 的含量以 ZnO 质量分数 W 计，按下式计算：

$$W=(V \times c \times M \times 10^{-3})/m \qquad (3\text{-}77)$$

其中，V、c 分别为 EDTA 标准溶液的体积（mL）和浓度，M、m 分别为 ZnO 的分子量和质量。

（3）产品中杂质的定量测定：用火焰原子吸收或等离子体原子发射光谱仪。

（4）粒径的测定：用激光粒度分析仪确定粒径、粒径分布等数据。

（5）晶体结构的测定：利用 X 射线衍射仪检测产品的晶体数据。

五、注意事项

（1）实验过程中溶液的配制、移液管和容量瓶的使用、减压过滤和滴定等基本操作需按规范进行。

（2）除 Fe^{2+} 过程中一定要注意保持溶液 pH 在 5 ～ 6。

（3）加热除杂时要注意补水，防止溶液蒸干。

（4）为防产品团聚，煅烧后所得超细 ZnO 产品，需在干燥器中冷却保存。

六、思考题

（1）用 H_2O_2 将 Fe^{2+} 氧化为 Fe^{3+} 时，在酸性和微酸性条件下，反应产物是否相同？写出反应式。氧化后为什么要将溶液煮沸数分钟？

（2）产品中的铁是以 Fe^{2+} 还是 Fe^{3+} 形式存在？如何定性鉴定 $ZnSO_4$ 溶液中是否存在铁？

（3）用锌粉置换法除去 $ZnSO_4$ 溶液中的 Cu^{2+}、Cd^{2+}、Co^{2+} 和 Ni^{2+} 时，如果检验 Ni^{2+} 已除尽，是否可以认为 Cu^{2+}、Cd^{2+}、Co^{2+} 也已除尽？

实验三十　高锰酸钾的制备及含量的测定——碱熔法

一、实验目的

（1）了解高锰酸钾制备的原理和方法。

（2）学习碱熔法操作并学会在过滤操作中使用石棉纤维和玻璃砂芯漏斗。

（3）了解锰的各种价态的化合物的性质和它们之间转化的条件。

二、实验原理

高锰酸钾（$KMnO_4$）是深紫色的针状晶体，是最重要也是最常用的氧化剂。本实验以软锰矿（主要成分为MnO_2）为原料制备 $KMnO_4$。将软锰矿和氧化剂如$KClO_3$在碱性介质中强热制得绿色的锰酸钾熔块：

$$3MnO_2+KClO_3+6KOH \xrightleftharpoons{熔融} 3K_2MnO_4+KCl+3H_2O$$

熔块以水浸出，进入水溶液中的 MnO_4^- 随着溶液的碱性降低而变得不稳定，发生歧化反应，得到紫红色 $KMnO_4$ 溶液，如在 K_2MnO_2 溶液中通入 CO_2 气体：

$$3K_2MnO_4+2CO_2 \Longrightarrow 2KMnO_4+MnO_2\downarrow+2K_2CO_3$$

减压过滤，除去MnO_2固体，溶液蒸发浓缩，析出暗紫色的 $KMnO_4$ 晶体。

三、实验仪器与试剂

仪器：砂芯漏斗、台秤、铁坩埚、坩埚钳、烘箱、铁搅拌棒、钢瓶。

试剂：二氧化锰（工业用）、氢氧化钾、氯酸钾、亚硫酸钠、二氧化碳气体、8 号铁丝、pH 试纸。

四、实验步骤

（一）MnO_2 的熔融、氧化

取一只铁坩埚，于其内称取 7 g 固体 KOH 和 5.2 g 固体 $KClO_3$，铁坩埚置于泥三角上小火加热，并用洁净的铁搅拌棒搅拌直至待混合物熔融。然后一边搅拌一边分多次缓慢加入 3 g MnO_2。随着反应的推进，坩埚内的熔融物越来越黏稠，为防结块或粘坩埚壁上，应用稍大的力加快搅拌速度，直至反应物干涸。接着加大火焰，继续加强热 5 ～ 10 min。得到墨绿色 K_2MnO_4 熔融体，用铁棒尽量捣碎，冷却。

（二）K_2MnO_4 的制备

待融体冷至室温后，将其全部转移至 250 mL 烧杯中，注意不要有残留。粘在坩埚底部无法捣出的物质，可用蒸馏水加热浸洗，浸取液倒入烧杯中。可反复多次用水浸出，直至坩埚底部无残留。所有浸出液合并，最后总体积不超过 100 mL。然后加热烧杯，边加热边搅拌，使烧杯中的熔融体全部溶解。

（三）$KMnO_4$ 的制备

趁热向烧杯中通入 CO_2 气体（约 5 min），过程中可用玻棒蘸取一些溶液滴在滤纸上，若滤纸上显紫红色且无绿色，可认为 K_2MnO_4 全部歧化完全，且此时 pH 处于 10 ～ 11。静置片刻，将整个溶液以玻璃砂芯漏斗进行抽滤，滤渣为 MnO_2（s），回收备用。

用后染色的玻璃砂芯漏斗，可用酸化的 3% 的 H_2O_2 溶液洗涤，洗至无色后再用水冲洗干净。

（四）滤液的蒸发结晶

抽滤后的滤液倒入蒸发皿中，在水浴中进行加热浓缩，当溶液表面析出 $KMnO_4$ 晶膜时停止加热。空气中冷却静置片刻，以利于其结晶，然后再用砂芯漏斗抽滤，尽量使 $KMnO_4$ 晶体抽干。

（五）$KMnO_4$ 的干燥

取一只表面皿，称量并记录其质量，将 $KMnO_4$ 晶体转移其中，用玻棒将其分开，放入烘箱中，80 ℃下干燥 0.5 h。称量。

（六）实验结果

（1）描述得到的 $KMnO_4$ 晶体的颜色和形状。

（2）计算 $KMnO_4$ 的得率。

五、注意事项

（1）酒精灯的使用、减压过滤、固液体试剂的取用、蒸发结晶、台秤的使用、钢瓶的使用、干燥箱的使用等基本操作需按正确的规范进行。

（2）通 CO_2 过多，溶液的 pH 会太低，溶液中会产生大量的 $KHCO_3$，而 $KHCO_3$ 的溶解度比 K_2CO_3 小得多，在溶液浓缩时会和 $KMnO_4$ 一起析出。

六、思考题

（1）由 MnO_2 制备 $KMnO_4$ 时，不用瓷坩埚而要用铁坩埚，理由何在？

（2）减小溶液的碱度使 K_2MnO_4 歧化时，能不能通过直接加 HCl 来代替通入 CO_2 气体？为什么？

（3）过滤 $KMnO_4$ 晶体为什么要用玻璃砂芯漏斗？是否可用滤纸或石棉纤维来代替？

实验三十一　二草酸合铜酸钾配合物的制备及组成测定

一、实验目的

（1）熟悉无机制备过程中的一些基本操作。

（2）掌握配位滴定法测定铜的原理和方法。

（3）掌握高锰酸钾法测定草酸根的原理和方法。

（4）熟练容量分析的基本操作。

二、实验原理

草酸钾和硫酸铜反应生成二草酸合铜（Ⅱ）酸钾。产物是一种蓝色晶体，在 150 ℃失去结晶水，260 ℃时发生分解。

确定产物组成时，用重量分析法测定结晶水，用 EDTA 配位滴定法测铜的含量，用高锰酸钾法测草酸根的含量。

三、主要仪器和试剂

仪器：烧杯、50 mL 酸式滴定管、250 mL 抽滤瓶、250 mL 锥形瓶、电子天平等。

试剂：$Na_2C_2O_4$（基准物质）、$CuSO_4 \cdot 5H_2O$（固体）、纯锌片、NH_3-NH_4Cl（pH = 10.0）、$K_2C_2O_4 \cdot H_2O$（固体）、EDTA（0.02 mol/L）、紫脲酸铵指示剂（0.5 % 水溶液）、铬黑 T 指示剂（0.5 % 无水乙醇）、甲基红指示剂（0.2 %，60 % 乙醇溶液）、H_2SO_4（3 mol/L）、$KMnO_4$（0.02 mol/L）、$NH_3 \cdot H_2O$（1 ∶ 2）。

四、实验内容及步骤

（一）草酸合铜（Ⅱ）酸钾的制备

称取 4 g $CuSO_4 \cdot 5H_2O$ 溶于 8 mL 85 ℃的水中。称取 12 g $K_2C_2O_4 \cdot H_2O$ 溶于 44 mL 85 ℃水中。搅拌下，将 $K_2C_2O_4 \cdot H_2O$ 溶液迅速倒入 $CuSO_4 \cdot 5H_2O$ 溶液中。冰水中冷却 3 min，有沉淀析出。减压抽滤，用 6 ～ 8 mL

冰水分 3 次洗涤沉淀，抽干，在 50 ℃的烘箱中烘干产物 30 min，取出冷却至室温，称量，计算产率。

（二）草酸合铜（Ⅱ）酸钾的组成分析

1. 结晶水的测定

准确称取两个已恒重的坩埚的质量，再准确称取 0.5 ～ 0.6 g 产物两份，分别放入此两个坩埚中，放入烘箱，在 150 ℃时干燥 1 h，然后放入干燥器中冷却 15 min 后称重，根据称量结果，计算结晶水的含量。

2. 铜（Ⅱ）含量的测定

（1）0.02 mol/L 的 EDTA 溶液的配制与标定。

第一步：计算配制 250 mL 0.02 mol/L 的 Zn^{2+} 标准溶液所需纯锌片（>99.9%）的质量。

第二步：准确称量上述质量的锌片于 200 mL 烧杯中，盖上表面皿，沿烧杯嘴缓慢加入 10 mL 1 : 1 的 HCl 溶液，待锌片全部溶解后，全部转移到 250 mL 容量瓶中用水稀释到刻度，摇匀，计算 Zn^{2+} 的准确浓度。

第三步：用 25 mL 移液管准确移取上述 Zn^{2+} 标准溶液置于 250 mL 锥形瓶中，加 1 滴甲基红作指示剂，用 1 : 2 氨水中和 Zn^{2+} 标准溶液中的 HCl，溶液（由红）变黄即可。

第四步：加 10 mL NH_3–NH_4Cl 缓冲溶液和 20 mL 水，再加 2 滴铬黑 T 指示剂，用待标定的 EDTA 溶液滴定至溶液由紫红色变为蓝色，即为终点，平行 3 次。计算 EDTA 溶液的准确浓度。

（2）铜浓度的滴定。准确称取 0.2 g 左右产物，置于 250 mL 锥形瓶中，用 15 mL NH_3–NH_4Cl 缓冲溶液（pH = 10）溶解，再稀释到 100 mL。加 3 滴紫脲酸铵指示剂，用 EDTA 标准溶液滴定，至溶液变为亮紫色时为终点。根据滴定结果，计算 Cu^{2+} 的含量。平行测定 3 次。

3. 草酸根含量的测定

（1）0.02 mol/L $KMnO_4$ 溶液的标定。计算所需称取 Na_2C_2O 的质量范围，用差减法准确称取经烘干的基准 $Na_2C_2O_4$ 3 份，分别置于 250 mL 锥形瓶中，加入 50 mL 蒸馏水使之溶解，再加 15 mL 3 mol/L 的 H_2SO_4 溶液，水浴加热至 75 ～ 85 ℃（瓶口冒较多热气时即可），趁热用待标定的 $KMnO_4$ 溶液进行滴定。开始滴速慢一些，后面滴度可加快，直至溶液呈粉红色并且半分种内不褪色即为终点。根据 $Na_2C_2O_4$ 质量和所消耗 $KMnO_4$ 溶液的体积，计算 $KMnO_4$ 标准溶液的准确浓度。

② $C_2O_4^{2-}$ 含量的测定。准确称取 0.21 ~ 0.23 g 产物，加入 2 mL 浓氨水后，再加入 22 mL 3 mol/L 的 H_2SO_4 溶液，此时会有淡蓝色沉淀出现，稀释到 100 mL。水浴加热至 75 ~ 85 ℃，趁热用标准 $KMnO_4$ 溶液进行滴定（先慢后快再慢），直至溶液呈粉红色并且半分钟内不褪色即为终点。沉淀在滴定过程中会逐渐消失。根据滴定结果，计算 $C_2O_4^{2-}$ 的含量。

五、实验思考

（1）在用 Zn 标定 EDTA 的浓度时，可在 pH=10.0 的 NH_3-NH_4Cl 缓冲溶液进行，也可在 pH = 5 ~ 6 的 HAc-NaAc 缓冲溶液中进行，在本实验为什么使用 pH = 10.0 的 NH_3-NH_4Cl 缓冲溶液？

（2）在用 $Na_2C_2O_4$ 标定 KMnO4 溶液浓度以及测定 $C_2O_4^{2-}$ 含量时，溶液的温度为什么要控制在 75 ~ 85 ℃？

实验三十二　四碘化锡的制备及性质

一、实验目的

（1）了解无水四碘化锡的制备原理和方法。
（2）学习非水溶剂重结晶的方法。
（3）学习油浴操作。
（4）培养独立设计实验的能力。

二、实验原理

纯净的无水四碘化锡为橙红色立方晶体，当产品中有其他杂质时其外观为橙红色针状结晶。四碘化锡属于共价化合物，熔点 145.75 ℃，沸点 364.5 ℃，180 ℃时就有较大的蒸气压，较易水解，易溶于三氯甲烷、丙酮、四氯化碳、苯、热的石油醚、无水乙醇、热的冰乙酸等有机溶剂中，在冷的石油醚和冷的冰乙酸中溶解度较小。四碘化锡不宜在水溶液中制备，除采用碘蒸气与金属锡的气－固相直接合成外，一般可在非水溶剂中制备。

本实验采用金属锡和碘在非水溶剂冰醋酸和醋酸酐体系中直接合成：

$$Sn + 2I_2 \xrightarrow[\text{乙酸酐}]{\text{无水乙酸}} SnI_4$$

冰醋酸和醋酸酐溶剂比四氯化碳、三氯甲烷、苯等非水溶剂的毒性小得多，产物不发生水解，可制得较纯净的晶状产品。

三、实验仪器与试剂

仪器：干燥管、天平、冷凝管、圆底烧瓶、温度计、布氏漏斗、抽滤瓶等抽滤装置。

试剂：四氯化碳、锡片、无水氯化钙、碘、乙酸、丙酮、乙酸酐、苯、石油醚等均为分析纯。硝酸银溶液（0.1 mol/L）、硝酸铅溶液（1.0 mol/L）、硫酸溶液（稀）、氢氧化钠溶液（稀）。

四、实验步骤

（一）四碘化锡的制备

准确称取 0.6 g 干燥的锡片和 2.0 g 研细的碘置于洁净干燥的 150 mL 圆底烧瓶中，加入 40 mL 溶剂、少量沸石。装上回流冷凝管和干燥管，置于油浴上在一定温度下加热回流，调节冷凝水量使紫色蒸气处于第二个冷凝球以下，保持回流状态一定时间。冷却、抽滤，得到四碘化锡产品。

（二）四碘化锡溶解度的测定

用 0.20 g 四碘化锡分别测定不同温度下完全溶剂所需丙酮的体积，以此计算溶解度，采用定溶剂测定法测定四碘化锡在不同溶剂中的溶解度。

（三）锡的转化率的测定

反应完成后，立即倾出四碘化锡溶液，用丙酮清洗未反应的锡片，干燥后称量剩余锡的质量。四碘化锡的转化率按下式计算：

$$转化率 = \frac{反应前的锡量 - 反应后剩余锡量}{反应前的锡量} \times 100\% \qquad （3-78）$$

（四）产品分析

以过量锡和限量碘完全反应后，根据金属锡的消耗量和碘的用量，计算各反应物的物质的量的比值，确定碘化锡的最简式。

（五）某些性质

（1）取少量四碘化锡固体于试管中，加入少量蒸馏水，观察现象，写出反应式，溶液和沉淀留作后面的实验使用。

（2）取四碘化锡水解后的溶液，分装于两支试管中，一支加入 $AgNO_3$ 溶液，另一支滴加 $Pb(NO_3)_2$ 溶液，观察现象并写出反应式。

（3）取第（1）步中的沉淀分装于两支试管中，分别滴加稀 H_2SO_4 和稀 NaOH 溶液，观察现象并写出反应式。

（4）制备少量的四碘化锡丙酮溶液，分为两份，分别滴加 H_2O 和饱和 KI 溶液，有何现象，写出反应式。

五、数据记录及处理

（1）记录并绘制不同温度、不同时间对锡转化率的影响图。

（2）记录并绘制不同温度下四碘化锡的溶解度图。

（3）计算各反应物的物质的量的比值，写出碘化锡的最简式。

六、思考题

（1）在实验操作过程中应注意哪些问题？

（2）若制备反应完毕，锡已经反应完全，但体系中还有少量碘，如何除去？

实验三十三　明矾的制备、组分含量测定及其晶体的培养

一、实验目的

（1）熟练掌握无机物的提取、提纯、制备、分析等方法的操作。

（2）学习设计综合利用废旧物的化学方法。

（3）学习从溶液中培养晶体的原理和方法。

（4）学习设计鉴定产品的组成、纯度和产率的方法。

二、实验原理

（一）明矾的制备

将 Al 溶于稀 KOH 溶液制得 $KAlO_2$：

$$2Al + 2KOH + 2H_2O \xrightarrow{\hspace{1cm}} 2KAlO_2 + 3H_2$$

向 $KAlO_2$ 溶液中加入一定量的 H_2SO_4，能生成溶解度较小的复盐 $[KAl(SO_4)_2 \cdot 12H_2O]$，反应式如下：

$$KAlO_2 + 2H_2SO_4 + 10H_2O \xrightarrow{\hspace{1cm}} KAl(SO_4)_2 \cdot 12H_2O$$

不同温度下明矾、K_2SO_4、$Al_2(SO_4)_3$ 的溶解度（100 g H_2O 中）如表 3-35 所示。

表3-35　不同温度下明矾、硫酸钾、硫酸铝的溶解度（100 g H_2O 中）

物质种类	温度 /K							
	273	283	293	303	313	333	353	363
$KAl(SO_4)_2 \cdot 12H_2O$/g	3.00	3.99	5.90	8.39	11.7	24.8	71.0	109
$Al_2(SO_4)_3$/g	31.2	33.5	36.4	40.4	45.8	59.2	73.0	80.8
K_2SO_4/g	7.4	9.3	11.1	13.0	14.8	18.2	21.4	22.9

（二）单晶的培养

要使晶体从溶液中析出，从原理上说有两种方法。一种是冷却结晶法，即如图 3-16 所示，从处于不饱和区域的 A 点状态的溶液出发，保持溶液浓度不变，逐步降低温度，即采用 $A \rightarrow B$ 的过程，最终达到溶液过饱和；另一种办法是蒸发结晶法，即如图 3-16 所示，从 A 点状态的溶液出发，保持温度一定，逐步升温使溶剂蒸发而逐步提高溶液浓度，即采用 $A \rightarrow B'$ 的过程使溶液的状态进入 BB' 线上方的饱和区。一般来说，物质进到其饱和区域时会有晶核产生和成长。但有些物质，尽管到了这个区域，由于某些条件不够，却不能从溶液中析出晶体，成为过饱和溶液。在过饱和条件下，对溶液稍加振荡或添加结晶物质就不断有新的更多的晶体析出。要使析出的晶体颗粒较大，结晶比较完美，应当使溶液长时间处于准稳定区域，让形成的晶核慢慢成长。

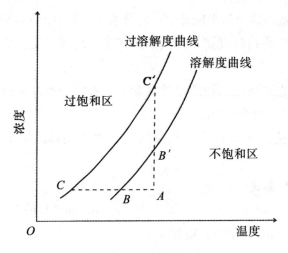

图 3-16　溶解度曲线

因此，为获得棱角完整、透明的正八面体晶形的 $KAl(SO_4)_2 \cdot 12H_2O$，应让籽晶（晶种）有足够的时间长大。为此，结晶前应使溶液的浓度处于适当的过饱和的准稳定区（图 3-16 中的 $C'B'BC$ 区）。

三、实验仪器与试剂

仪器：100 mL 烧杯、布氏漏斗、抽滤瓶、表面皿、玻璃棒、试管、电子天平、容量瓶（250 mL、100 mL）、移液管、锥形瓶（两个）、烘箱。

试剂：$NH_3 \cdot H_2O$（6 mol/L）、EDTA（0.025 99 mol/L）、二甲酚橙（2 g/L）、H_2SO_4（9 mol/L）、HCl（6 mol/L、3 mol/L）、$NH_3 \cdot H_2O$（1+1）、$KAl(SO4)_2 \cdot 12H_2O$（晶种）、六次甲基四胺（200 g/L）、Zn^{2+}（0.025 81 mol/L）、NH_4F（200 g/L）、KOH（1.5 mol/L）、$BaCl_2$（0.25g/mL）。

四、实验内容及操作

（一）制　备

（1）剪碎废铝（废易拉罐），清除废铝表层的污染物，洗净，干燥。

（2）称取 1.8 g 废铝，加入 50 mL KOH 溶液，加热溶解。开始时有大量气泡产生，随后溶液瞬间变成黑色，随着反应的进行，产生的气泡越来越少，到几乎不再产生气泡时停止。

（3）趁热抽滤，去除未反应的物质，此时滤液略显微黄色。

（4）将滤液转移至洁净烧杯中，向清液中滴加 H_2SO_4。边滴加边产生絮状沉淀，随后变为白色沉淀，直至不再产生沉淀时停止，然后加热使溶液变澄清。

（5）把预先准备的晶种用涤纶线系好，长出来的线头剪掉。将晶种悬吊于饱和溶液中，放置 24 h。

（6）得到棱角完整齐全、晶莹透明的大块晶体，擦干，称量，计算产率。

（二）产品鉴定

准确称取 0.600 0 g 产品，加入 3～5 mL 3mol/L 的 HCl，加热溶解，冷却后转入 100 mL 容量瓶，定容备用。

1. 铝含量

Al^{3+} 与 EDTA 反应缓慢，且络合比不恒定，常用返滴定法测定铝含量。

锥形瓶中移入 10 mL 待测液，加入定量过量的 EDTA 标准溶液，加热煮沸使络合反应完全，调整溶液 pH 为 5～6，然后以二甲酚橙为指示剂，用 Zn^{2+} 标准溶液滴定过量的 EDTA，终点颜色为紫红色。然后加入过量的 NH_4F，加热至沸，使 AlY^- 与 F^- 之间发生置换反应，释放出与 Al^{3+} 等物质的量的 EDTA。反应完全后再用 Zn^{2+} 标液滴定释放出来的 EDTA，根据消耗的体积可得铝的含量，数据及计算结果填入表 3-36。有关反应如下。

pH=3.5 时，Al^{3+}（试液）$+Y^{4-}$（过量）$\Longrightarrow AlY^-$，Y^{4-}（剩）。

pH=5～6 时，加二甲酚橙指示剂，用 Zn^{2+} 盐标液滴定剩余的 Y^{4-}，即 $Zn^{2+}+Y^{4-}$（剩）$= ZnY^{2-}$。

终点：Zn^{2+}（过量）+ 二甲酚橙 $\Longrightarrow$ Zn - 二甲酚橙。

颜色变化：黄色→紫红色。

置换反应：$AlY^-+6F^- \Longrightarrow AlF_6^{3-}+Y^{4-}$（置换）。

滴定反应：Y^{4-}（置换）$+Zn^{2+} = ZnY^{2-}$。

终点：Zn^{2+}（过量）+ 二甲酚橙 $\Longrightarrow$ Zn - 二甲酚橙。

颜色变化：黄色→紫红色。

表3-36 分析数据

滴定前 /mL		
滴定后 /mL		
用量 /mL		
平均用量 /mL		
铝的含量 /mmol		
铝的百分含量 /%		

2.硫酸根含量

（1）标准曲线的绘制：分别精确移取硫酸根标准溶液 1 mL、2 mL、3 mL、4 mL、5 mL 于 5 个 25 mL 比色管中。再分别加入 0.25 g/mL 的 BaCl 溶液，直至不再产生沉淀，然后用蒸馏水稀释至刻度线。小幅振荡 1 min，将浑浊液倒入 1 cm 的比色皿中，静置 5 min，在 420 nm 的波长下，分别测其吸光度，以蒸馏水为空白对照。以吸取的硫酸根标准溶液的毫升数为横坐标，以吸光值为纵坐标，绘制标准曲线。

（2）样品的测定：吸取上述待用溶液 1.00 mL 于 25 mL 容量瓶中，同时加入 0.25 g/mL BaCl 溶液直至无沉淀产生，用蒸馏水稀释至刻度。小幅振荡 1 min，将浑浊液倒入 1 cm 的比色皿中，静置 5 min，在 420 nm 的波长下，测其吸光度，结果填入表 3-37。根据标准曲线和样品吸光值，计算样品中 SO_4^{2-} 的浓度，进而计算 SO_4^{2-} 含量。

表3-37 SO_4^{2-} 浓度与吸光度的关系

SO_4^{2-} 浓度 / (μmol·mL⁻¹)	0.4	0.8	1.2	1.6	2.0	样 品
吸光度						

五、注意事项

（1）废铝原材料溶解之前必须清洗干净。

（2）铝片和浓 KOH 溶液反应产生大量氢气，易爆，所以务必在通风柜中进行，并禁止接近火源。

（3）蒸发浓缩时要注意保持蒸发皿中有足够量的溶液剩余，否则明矾晶体还未形成，就聚沉为块状明矾，难以干燥并且得不到大块晶体。

参考文献

[1] 大连理工大学无机化学教研室. 无机化学实验（第二版）[M]. 北京：高教出版社，2004.

[2] 毛海荣. 无机化学实验 [M]. 南京：东南大学出版社，2006.

[3] 古风才，肖衍繁. 基础化学实验教程 [M]. 北京：科学出版社，2000.

[4] 崔学桂，张晓丽. 基础化学实验（Ⅰ）——无机及分析化学部 [M]. 北京：化学工业出版社，2003.

[5] 徐家宁，门瑞芝，张寒琪. 基础化学实验（上册）：无机化学和化学分析实验 [M]. 北京：高等教育出版社，2006.

[6] 欧阳预祝，石爱华，吴竹青. 基础化学实验 [M]. 北京：化学工业出版社，2010.

[7] 刘约权，李贵深. 实验化学 [M]. 北京：高等教育出版社，2005.

[8] 石建新，巢晖. 无机化学实验（第四版）[M]. 北京：高等教育出版社，2019.

附　录

附录 1　某些试剂溶液的配制方法

无机化学实验中，某些试剂溶液的配置方法如附表 1-1 所示。

附表1-1　某些试剂溶液的配置方法

试　剂	浓度 /(mol·L⁻¹)	配制方法
三氯化铋 $BiCl_3$	0.1	溶解 31.6 g $BiCl_3$ 于 330 mL 6 mol/L 的 HCl 中，加水稀至 1 L
三氯化锑 $SbCl_3$	0.1	溶解 22.8 g $SbCl_3$ 于 330 mL 6 mol/L 的 HCl 中，加水稀至 1 L
氯化亚锡 $SnCl_2$	0.1	溶解 22.6 g $SnCl_2 \cdot 2H_2O$ 于 330 mL 1 mol/L 的 HCl 中，加水稀释至 1 L，加入数粒纯锡，以防氧化
硝酸汞 $Hg(NO_3)_2$	0.1	溶解 33.4 g $Hg(NO_3)_2 \cdot 0.5H_2O$ 于 0.6 mol/L 的 HNO_3 中，加水稀释至 1 L
硝酸亚汞 $Hg_2(NO_3)_2$	0.1	溶解 56.1 g $Hg_2(NO_3)_2 \cdot 2H_2O$ 于 0.6 mol/L 的 HNO_3 中，加水稀释至 1 L，并加入少许金属汞
碳酸铵 $(NH_4)_2CO_3$	1	96 g 研细的 $(NH_4)_2CO_3$ 溶于 1 L 2 mol/L 的氨水
硫酸铵 $(NH_4)_2SO_4$	饱和	50 g $(NH_4)_2SO_4$ 溶于 100 mL 热水，冷却后过滤

试 剂	浓度 /(mol·L⁻¹)	配制方法
硫酸亚铁 FeSO$_4$	0.5	溶解 69.5 g FeSO$_4$·7H$_2$O 于适量水中，加入 5 mL 18 mol/L 的 H$_2$SO$_4$，再用水稀释至 1 L，置入小铁钉数枚
六羟基锑酸钠 Na[Sb(OH)$_6$]	0.1	溶解 12.2 g 锑粉于 50 mL 浓 HNO$_3$ 中微热，使锑粉全部作用成白色粉末，用倾析法洗涤数次，再加入 50 mL 6 mol/L 的 NaOH，使之溶解，稀释至 1 L
六硝基钴酸钠 Na$_3$[Co(NO$_2$)$_6$]		溶解 230 g NaNO$_2$ 于 500 mL H$_2$O 中，加入 165 mL 6 mol/L HAc 和 30 g Co(NO$_3$)$_2$·6H$_2$O 放置 24 h，取其清液，稀释至 1 L，并保存在棕色瓶中。此溶液应呈橙色，若变成红色，表示已分解，应重新配制
硫化钠 Na$_2$S	2	溶解 240 g Na$_2$S·9H$_2$O 和 40 g NaOH 于水中，稀释至 1 L
仲钼酸铵 (NH$_4$)$_6$Mo$_7$O$_{24}$·4H$_2$O	0.1	溶解 124 g (NH$_4$)$_6$Mo$_7$O$_{24}$·4H$_2$O 于 1 L 水中，将所得溶液倒入 1 L 6 mol/L 的 HNO$_3$ 中，放置 24 h，取其澄清液
硫化铵 (NH$_4$)$_2$S	3	取一定量氨水，将其均分为两份，向其中一份通硫化氢至饱和，而后与另一份氨水混合
铁氰化钾 K$_3$[Fe(CN)$_6$]		取为 0.7 ～ 1 g 铁氰化钾溶解于水,稀释至 100 mL (使用前临时配制)
铬黑 T		将铬黑 T 和烘干的 NaCl 按 1 ：100 的比例研细，混合均匀，贮于棕色瓶中
二苯胺		将 1 g 二苯胺在搅拌下溶于 100 mL 密度为 1.84 g/cm³ 的硫酸或 100 mL 密度为 1.70 g/cm³ 的磷酸中 (该溶液可保存较长时间)
镍试剂		溶解 10 g 镍试剂 (二乙酰二肟) 于 1 L 95% 的酒精中
镁试剂		溶解 0.01 g 镁试剂于 1 L 1 mol/L 的 NaOH 溶液中

续 表

试 剂	浓度 /(mol·L⁻¹)	配制方法
铝试剂		1 g 铝试剂溶于 1 L 水中
镁铵试剂		将 100 g MgCl$_2$·6H$_2$O 和 100 g NH$_4$Cl 溶于水中，加 50 mL 浓氨水，用水稀释至 1 L
奈氏试剂		溶解 115 g HgI$_2$ 和 80 g KI 于水中，稀释至 500 mL，加入 500 mL 6 mol/L 的 NaOH 溶液，静置后，取其清液，保存在棕色瓶中
五氰氧氮合铁（Ⅲ）酸钠 Na$_2$[Fe(CN)$_5$NO]		10 g 钠亚硝酰铁氰酸钠溶解于 100 mL 水中。保存于棕色瓶内，如果溶液变绿就不能使用
格里斯试剂		（1）在加热下溶解 0.5 g 对氨基苯磺酸于 50 mL 30% 的 HAc 中，贮于暗处保存； （2）将 0.4 g α–萘胺与 100 mL 水混合煮沸，在从蓝色渣滓中倾出的无色溶液中加入 6 mL 80% 的 HAc。 使用前将（1）（2）两液等体积混合
打萨宗（二苯缩氨硫脲）		溶解 0.1 g 打萨宗于 1 L CCl$_4$ 或 CHCl$_3$ 中
甲基红		每升 60% 乙醇中溶解 2 g
甲基橙	0.1%	每升水中溶解 1 g
酚 酞		每升 90% 的乙醇中溶解 1 g
溴甲酚蓝（溴甲酚绿）		0.1 g 该指示剂与 2.9 mL 0.05 mol/L 的 NaOH 一起搅匀，用水稀释至 250 mL；或每升 20% 的乙醇中溶解 1 g 该指示剂
石 蕊		2 g 石蕊溶于 50 mL 水中，静置一昼夜后过滤。在滤液中加 30 mL 95% 的乙醇，再加水稀释至 100 mL

试　剂	浓度 /(mol·L⁻¹)	配制方法
氯　水		在水中通入氯气直至饱和，该溶液使用时临时配制
溴　水		在水中滴入液溴至饱和
碘　水	0.01%	溶解 1.3 g 碘和 5 g KI 于尽可能少量的水中，加水稀释至 1 L
品红溶液		0.1% 的水溶液
淀粉溶液	0.2%	将 0.2 g 淀粉和少量冷水凋成糊状，倒入 100 mL 沸水中，煮沸后冷却即可
NH₃-NH₄Cl 缓冲溶液		20 g NH₄Cl 溶于适量水中，加入 100 mL 氨水（密度为 0.9 g/cm），混合后稀释至 1 L，即为 pH=10 的缓冲溶液

附录 2　常用弱电解质在水中的解离常数

常用弱电解质在水中的解离常数如附表 2-1 所示。

附表2-1　常用弱电解质在水中的解离常数

名　称	化学式	解离常数（K）	pK
醋　酸	HAc	1.76×10^{-5}	4.75
碳　酸	H_2CO_3	$K_1 = 4.30 \times 10^{-7}$	6.37
		$K_2 = 5.61 \times 10^{-11}$	10.25
草　酸	$H_2C_2O_4$	$K_1 = 5.90 \times 10^{-2}$	1.23
		$K_2 = 6.40 \times 10^{-5}$	4.19

续 表

名 称	化学式	解离常数（K）	pK
亚硝酸	HNO_2	4.6×10^{-4}（285.5 K）	3.37
磷 酸	H_3PO_4	$K_1 = 7.52 \times 10^{-3}$	2.12
		$K_2 = 6.23 \times 10^{-8}$	7.21
		$K_3 = 2.2 \times 10^{-13}$（291 K）	12.67
亚硫酸	H_2SO_3	$K_1 = 1.54 \times 10^{-2}$（291 K）	1.81
		$K_2 = 1.02 \times 10^{-7}$	6.91
硫 酸	H_2SO_4	$K_2 = 1.20 \times 10^{-2}$	1.92
硫化氢	H_2S	$K_1 = 9.1 \times 10^{-8}$（291 K）	7.04
		$K_2 = 1.1 \times 10^{-12}$	11.96
氢氰酸	HCN	4.93×10^{-10}	9.31
铬 酸	H_2CrO_4	$K_1 = 1.8 \times 10^{-1}$	0.74
		$K_2 = 3.20 \times 10^{-7}$	6.49
硼 酸	H_3BO_3	5.8×10^{-10}	9.24
氢氟酸	HF	3.53×10^{-4}	3.45
过氧化氢	H_2O_2	2.4×10^{-12}	11.62
次氯酸	HClO	2.95×10^{-5}（291 K）	4.53
次溴酸	HBrO	2.06×10^{-9}	8.69
次碘酸	HIO	2.3×10^{-11}	10.64

续 表

名　称	化学式	解离常数（K）	pK
碘　酸	HIO_3	1.69×10^{-1}	0.77
砷　酸	H_3AsO_4	$K_1 = 5.62 \times 10^{-3}$（291 K）	2.25
		$K_2 = 1.70 \times 10^{-7}$	6.77
		$K_3 = 3.95 \times 10^{-12}$	11.40
亚砷酸	$HAsO_2$	6×10^{-10}	9.22
铵离子	NH_4^+	5.56×10^{-10}	9.25
氨　水	$NH_3 \cdot H_2O$	1.79×10^{-5}	4.75
联　胺	N_2H_4	8.91×10^{-7}	6.05
羟　氨	NH_2OH	9.12×10^{-9}	8.04
氢氧化铅	$Pb(OH)_2$	9.6×10^{-4}	3.02
氢氧化锂	$LiOH$	6.31×10^{-1}	0.2
氢氧化铍	$Be(OH)_2$	1.78×10^{-6}	5.75
	$BeOH^+$	2.51×10^{-9}	8.6
氢氧化铝	$Al(OH)_3$	5.01×10^{-9}	8.3
氢氧化锌	$Zn(OH)_2$	7.94×10^{-7}	6.1
氢氧化镉	$Cd(OH)_2$	5.01×10^{-11}	10.3
乙二胺	$H_2NC_2H_4NH_2$	$K_1 = 8.5 \times 10^{-5}$	4.07
		$K_2 = 7.1 \times 10^{-8}$	7.15

续　表

名　称	化学式	解离常数（K）	pK
六亚甲基四胺	$(CH_2)_6N_4$	1.35×10^{-9}	8.87
尿　素	$CO(NH_2)_2$	1.3×10^{-14}	13.89
质子化六亚甲基四胺	$(CH_2)6N_4H^+$	7.1×10^{-6}	5.15
甲　酸	$HCOOH$	1.77×10^{-4}（293 K）	3.75
氯乙酸	$ClCH_2COOH$	1.40×10^{-3}	2.85
氨基乙酸	NH_2CH_2COOH	1.67×10^{-10}	9.78
邻苯二甲酸	$C_6H_4(COOH)_2$	$K_1 = 1.12 \times 10^{-3}$	2.95
		$K_2 = 3.91 \times 10^{-6}$	5.41
柠檬酸	$(HOOCCH_2)_2C(OH)COOH$	$K_1 = 7.1 \times 10^{-4}$	3.14
		$K_2 = 1.68 \times 10^{-5}$（293 K）	4.77
		$K_3 = 4.1 \times 10^{-7}$	6.39
d- 酒石酸	$[CH(OH)COOH]_2$	$K_1 = 1.04 \times 10^{-3}$	2.98
		$K_2 = 4.55 \times 10^{-5}$	4.34
8- 羟基喹啉	C_9H_6NOH	$K_1 = 8 \times 10^{-6}$	5.1
		$K_2 = 1 \times 10^{-9}$	9.0
苯　酚	C_6H_5OH	1.28×10^{-10}（293 K）	9.89
对氨基苯磺酸	$H_2NC_6H_4SO_3H$	$K_1 = 2.6 \times 10^{-1}$	0.58
		$K_2 = 7.6 \times 10^{-4}$	3.12

续 表

名 称	化学式	解离常数（K）	pK
乙二胺四乙酸（EDTA）	$(CH_2COOH)_2NH^+CH_2CH_2NH^+$ $(CH_2COOH)_2$	$K_5 = 5.4 \times 10^{-7}$	6.27
		$K_6 = 1.12 \times 10^{-11}$	10.95

注：近似浓度 0.01 ~ 0.003 mol/L，温度 298 K。

附录3　常见难溶物的溶度积常数

常见难溶物的溶度积常数如附表 3-1 所示。

附表3-1　常见难溶物的溶度积常数

化合物	溶度积	化合物	溶度积	化合物	溶度积
醋酸盐		氢氧化物		CdS	8.0×10^{-27}
AgAc	1.94×10^{-3}	AgOH	2.0×10^{-8}	CoS（$\alpha-$ 型）	4.0×10^{-21}
卤化物		$Al(OH)_3$（无定形）	1.3×10^{-33}	CoS（$\beta-$ 型）	2.0×10^{-25}
AgBr	5.0×10^{-13}	$Be(OH)_2$（无定形）	1.6×10^{-22}	Cu_2S	2.5×10^{-48}
AgCl	1.8×10^{-10}	$Ca(OH)_2$	5.5×10^{-6}	CuS	6.3×10^{-36}
AgI	8.3×10^{-17}	$Cd(OH)_2$	5.27×10^{-15}	FeS	6.3×10^{-18}
BaF_2	1.84×10^{-7}	$Co(OH)_2$（粉红色）	1.09×10^{-15}	HgS（黑色）	1.6×10^{-52}
CaF_2	5.3×10^{-9}	$Co(OH)_2$（蓝色）	5.92×10^{-15}	HgS（红色）	4×10^{-53}
CuBr	5.3×10^{-9}	$Co(OH)_3$	1.6×10^{-44}	MnS（晶形）	2.5×10^{-13}
CuCl	1.2×10^{-6}	$Cr(OH)_2$	2×10^{-16}	NiS	1.07×10^{-21}
CuI	1.1×10^{-12}	$Cr(OH)_3$	6.3×10^{-31}	PbS	8.0×10^{-28}

续　表

化合物	溶度积	化合物	溶度积	化合物	溶度积
Hg_2Cl_2	1.3×10^{-18}	$Cu(OH)_2$	2.2×10^{-20}	SnS	1×10^{-25}
Hg_2I_2	4.5×10^{-29}	$Fe(OH)_2$	8.0×10^{-16}	SnS_2	2×10^{-27}
HgI_2	2.9×10^{-29}	$Fe(OH)_3$	4×10^{-38}	ZnS	2.93×10^{-25}
$PbBr_2$	6.60×10^{-6}	$Mg(OH)_2$	1.8×10^{-11}	磷酸盐	
$PbCl_2$	1.6×10^{-5}	$Mn(OH)_2$	1.9×10^{-13}	Ag_3PO_4	1.4×10^{-16}
PbF_2	3.3×10^{-8}	$Ni(OH)_2$（新制备）	2.0×10^{-15}	$AlPO_4$	6.3×10^{-19}
PbI_2	7.1×10^{-9}	$Pb(OH)_2$	1.2×10^{-15}	$CaHPO_4$	1×10^{-7}
SrF_2	4.33×10^{-9}	$Sn(OH)_2$	1.4×10^{-28}	$Ca_3(PO_4)_2$	2.0×10^{-29}
碳酸盐		$Sr(OH)_2$	9×10^{-4}	$Cd_3(PO_4)_2$	2.53×10^{-33}
Ag_2CO_3	8.45×10^{-12}	$Zn(OH)_2$	1.2×10^{-17}	$Cu_3(PO_4)_2$	1.40×10^{-37}
$BaCO_3$	5.1×10^{-9}	草酸盐		$FePO_4 \cdot 2H_2O$	9.91×10^{-16}
$CaCO_3$	3.36×10^{-9}	$Ag_2C_2O_4$	5.4×10^{-12}	$MgNH_4PO_4$	2.5×10^{-13}
$CdCO_3$	1.0×10^{-12}	BaC_2O_4	1.6×10^{-7}	$Mg_3(PO_4)_2$	1.04×10^{-24}
$CuCO_3$	1.4×10^{-10}	$CaC_2O_4 \cdot H_2O$	4×10^{-9}	$Pb_3(PO_4)_2$	8.0×10^{-43}
$FeCO_3$	3.13×10^{-11}	CuC_2O_4	4.43×10^{-10}	$Zn_3(PO_4)_2$	9.0×10^{-33}
Hg_2CO_3	3.6×10^{-17}	$FeC_2O_4 \cdot 2H_2O$	3.2×10^{-7}	其他盐	
$MgCO_3$	6.82×10^{-6}	$Hg_2C_2O_4$	1.75×10^{-13}	$[Ag^+][Ag(CN)^{2-}]$	7.2×10^{-11}
$MnCO_3$	2.24×10^{-11}	$MgC_2O_4 \cdot 2H_2O$	4.83×10^{-6}	$Ag_4[Fe(CN)_6]$	1.6×10^{-41}

续　表

化合物	溶度积	化合物	溶度积	化合物	溶度积
$NiCO_3$	1.42×10^{-7}	$MnC_2O_4 \cdot 2H_2O$	1.70×10^{-7}	$Cu_2[Fe(CN)_6]$	1.3×10^{-16}
$PbCO_3$	7.4×10^{-14}	PbC_2O_4	8.51×10^{-10}	$AgSCN$	1.03×10^{-12}
$SrCO_3$	5.6×10^{-10}	$SrC_2O_4 \cdot H_2O$	1.6×10^{-7}	$CuSCN$	4.8×10^{-15}
$ZnCO_3$	1.46×10^{-10}	$ZnC_2O_4 \cdot 2H_2O$	1.38×10^{-9}	$AgBrO_3$	5.3×10^{-5}
铬酸盐		硫酸盐		$AgIO_3$	3.0×10^{-8}
Ag_2CrO_4	1.12×10^{-12}	Ag_2SO_4	1.4×10^{-5}	$Cu(IO_3)_2 \cdot H_2O$	7.4×10^{-8}
$Ag_2Cr_2O_7$	2.0×10^{-7}	$BaSO_4$	1.1×10^{-10}	$KHC_4H_4O_6$(酒石酸氢钾)	3×10^{-4}
$BaCrO_4$	1.2×10^{-10}	$CaSO_4$	9.1×10^{-6}	$Al(8-$羟基喹啉$)_3$	5×10^{-33}
$CaCrO_4$	7.1×10^{-4}	Hg_2SO_4	6.5×10^{-7}	$K_2Na[Co(NO_2)_6] \cdot H_2O$	2.2×10^{-11}
$CuCrO_4$	3.6×10^{-6}	$PbSO_4$	1.6×10^{-8}	$Na(NH_4)_2[Co(NO_2)_6]$	4×10^{-12}
Hg_2CrO_4	2.0×10^{-9}	$SrSO_4$	3.2×10^{-7}	$Ni($丁二酮肟$)_2$	4×10^{-24}
$PbCrO_4$	2.8×10^{-13}	硫化物		$Mg(8-$羟基喹啉$)_2$	4×10^{-16}
$SrCrO_4$	2.2×10^{-5}	Ag_2S	6.3×10^{-50}	$Zn(8-$羟基喹啉$)_2$	5×10^{-25}

附录 4　某些离子和化合物的颜色

某些离子和化合物的颜色如附表 4-1 所示。

附表4-1 某些离子和化合物的颜色

Ag_3AsO_3 黄	$BaCrO_4$ 黄	$CdF2$ 白
Ag_3AsO_4 褐	$BaHPO_4$ 白	CdS 黄
$AgBr$ 淡黄	$Ba_3(PO_4)_2$ 白	$Co(OH)Cl$ 蓝
$AgCN$ 白	$BaSO_3$ 白	$Co_3(PO_4)_2$ 紫
Ag_2CO_3 白	$BaSO_4$ 白	CoS 黑
$Ag_2C_2O_4$ 白	$Ba_2S_2O_3$ 白	$CrPO_4$ 灰绿
$AgCl$ 白	BiI_3 棕	$CuBr$ 白
Ag_2CrO_4 红	$BiOCl$ 白	$CuCN$ 白
AgI 黄	$Bi(OH)CO_3$ 白	$CuCl$ 白
$AgNO_2$ 白	$BiONO_3$ 白	$Cu_2[Fe(CN)_6]$ 红棕色
$AgPO_3$ 白	$BiPO_4$ 白	$Cu_3[Fe(CN)_6]_2$ 绿
Ag_3PO_4 黄	Bi_2S_3 棕黑	CuI 白
Ag_2S 黑	$CaCO_3$ 白	$Cu(IO_3)_2$ 淡蓝
$AgSCN$ 白	CaC_2O_4 白	$Cu_2(OH)_2CO_3$ 淡蓝（铜绿）
Ag_2SO_3 白	CaF_2 白	$Cu_3(PO_4)_2$ 淡蓝
Ag_2SO_4 白	$CaHPO_4$ 白	CuS 黑
AgS_2O_3 白	$Ca_3(PO_4)_2$ 白	Cu_2S 深棕
AgS_2O_3 白	$CaSO_3$ 白	$CuSCN$ 白
$AlPO_4$ 白	$CaSO_4$ 白	$FeCO_3$ 白
As_2S_3 黄	$CaSiO_3$ 白	$FeC_2O_4 \cdot 2H_2O$ 黄
As_2S_5 黄	$CdCO_3$ 白	$Fe_2[Fe(CN)_6]$ 白
$BaCO_3$ 白	CdC_2O_4 白	$Fe_3[Fe(CN)_6]_2$ 蓝
BaC_2O_4 白	MgC_2O_4 白	$Pb_3(PO_4)_2$ 白
$Fe_4[Fe(CN)_6]_3$ 蓝	MgF_2 白	PbS 黑
$FePO_4$ 淡黄	$MgHPO_4$ 白	$PbSO_4$ 白
FeS 黑	$MgNH_4PO_4$ 白	$SbOCl$ 白
Hg_2Cl_2 白	$Mg_2(OH)_2CO_3$ 白	SbS_3 橙红
$HgCrO_4$ 黄	$Mg_3(PO_4)_2$ 白	Sb_2S_5 橙
Hg_2CrO_4 红褐	$MnCO_3$ 白	$Sn(OH)Cl$ 白
HgI_2 红	MnC_2O_4 白	SnS 棕
Hg_2I_2 绿	$Mn_3(PO_4)_2$ 白	SnS_2 土黄
$HgNH_2Cl$ 白	MnS 肉色	$SrCO_3$ 白
HgS 黑	$NaBiO_3$ 土黄	SrC_2O_4 白
	$Na[Sb(OH)_6]$ 白	$SrHPO_4$ 白

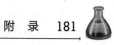

续 表

Hg_2S 黑	$NiCO_3$ 绿	$Sr_3(PO_4)_2$ 白
$Hg(SCN)_2$ 白	$Ni_2(OH)_2SO_4$ 绿	$SrSO_4$ 白
$Hg_2(SCN)_2$ 白	$Ni(PO_4)_2$ 绿	$ZnCO_3$ 白
Hg_2SO_4 白	NiS 黑	$Zn_3(PO_4)_2$ 白
$KClO_4$ 白	$PbBr_2$ 白	ZnS 白
$K_2[PtCl_6]$ 黄	$PbCO_3$ 白	Ag_2O 暗棕
Li_2CO_3 白	PbC_2O_4 白	Al_2O_3 白
LiF 白	$PbCl_2$ 白	$Al(OH)_3$ 白
$Li_3PO_4 \cdot 5H_2O$ 白	$PbCrO_4$ 黄	As_2O_3 白
$MgCO_3$ 白	PbI_2 黄	Au_2O_3 黄
$Au(OH)_3$ 黄棕	Fe_2O_3 红	PbO_2 棕
B_2O_3 白	$Fe(OH)_2$ 白	Pb_3O_4 红
$Bi(OH)_3$ 白	$Fe(OH)_3$ 红棕	$Pb(OH)_2$ 白
CaO 白	H_3AsO_3 白	Sb_2O_3 白
$Ca(OH)_2$ 白	H_3BO_3 白	$Sb(OH)_3$ 白
CdO 棕	H_2MoO_4 白	SnO 黑、绿
$Cd(OH)_2$ 白	$H_2MoO_4 \cdot H_2O$ 黄	SnO_2 白
CoO 灰绿	H_2SiO_3 白	$Sn(OH)_2$ 白
Co_2O_3 褐	H_2WO_4 黄	$Sn(OH)_4$ 白
$Co(OH)_2$ 粉红	$H_2WO_4 \cdot xH_2O$ 白	SrO 白
$Co(OH)_3$ 棕黑	HgO 黄、红	$Sr(OH)_2$ 白
CrO_3 深红	Hg_2O 黑	TiO_2 白
Cr_2O_3 绿	MgO 白	V_2O_5 橙黄、红
BaO 白	$Mg(OH)_2$ 白	ZnO 白
BeO 白	MnO_2 棕色	$Zn(OH)_2$ 白
$Be(OH)_2$ 白	$Mn(OH)_2$ 白	Ag^+ 无色
Bi_2O_3 黄	$MnO(OH)_2$ 棕褐	$Ag(CN)^{2-}$ 无色
$Cr(OH)_3$ 灰蓝	NiO 暗绿	$Ag(NH_3)^{2+}$ 无色
CuO 黑	Ni_2O_3 黑	$Ag(S_2O_3)_2^{3-}$ 无色
Cu_2O 暗红	$Ni(OH)_2$ 浅绿	Al^{3+} 无色
$Cu(OH)_2$ 浅蓝	$Ni(OH)_3$ 黑	AlO^{2-} 无色
FeO 黑	PbO 黄	AsO_3^{3-} 无色
$AsO4^{3-}$ 无色	ClO^{4-} 无色	Fe^{3+} 浅紫色
$AsS3^{3-}$ 无色	Co^{2+} 玫瑰红	$Fe(CN)_6^{3-}$ 黄棕
$AsS4^{3-}$ 无色	$Co(CN)_6^{4-}$ 棕	$Fe(CN)_6^{4-}$ 黄绿
Au^{3+} 黄	$Co(CN)_6^{3-}$ 黄	$Fe(C_2O_4)_3^{3-}$ 黄绿
$B_4O_7^{2-}$ 无色	$Co(NH_3)_6^{2+}$ 橙黄	$FeCl_6^{3-}$ 黄
Ba^{2+} 无色	$Co(NH_3)_6^{3+}$ 暗红	FeF_6^{3-} 无色
Be^{2+} 无色	$Co(SCN)_4^{2-}$ 蓝	$Fe(HPO_4)^{2-}$ 无色
Bi^{3+} 无色	Cr^{2+} 蓝	$Fe(SCN)^{2+}$ 血红

续　表

Br^- 无色	Cr^{3+} 蓝紫	H^+ 无色
BrO^- 无色	$Cr(NH_3)_6^{3+}$ 黄	HCO_3^- 无色
BrO_3^- 无色	CrO^{2-} 绿	$HC_2O_4^-$ 无色
CH_3COO^- 无色	$CrO4^{2-}$ 黄	HPO_3^{2-} 无色
$C_4H_4O_6^{2-}$ 无色	$Cr_2O_7^{2-}$ 橙	HPO_4^{2-} 无色
CN^- 无色	Cu^{2+} 淡蓝	HSO_3^- 无色
CO_3^{2-} 无色	$Cu+$ 无色	HSO_4^- 无色
$C_2O_4^{2-}$ 无色	$CuBr_4^{2-}$ 黄	Hg^{2+} 无色
Ca^{2+} 无色	$CuCl_4^{2-}$ 绿	Hg_2^{2+} 无色
$Cd(CN)_4^{2-}$ 无色	$Cu(NH_3)^{2+}$ 无	$HgBr_4^{2-}$ 无色
$Cd(NH_3)_4^{2+}$ 无色	$Cu(NH_3)_4^{2+}$ 深蓝	$HgCl_4^{2-}$ 无色
Cl^- 无色	CuO_2^{2-} 蓝	HgI_4^{2-} 无色
ClO^- 无色	F^- 无色	$Hg(SCN)_4^{2-}$ 无色
ClO_3^- 无色	Fe^{2+} 淡绿	I^- 无色
I^{3-} 棕	S^{2-} 无色	VO^{3-} 黄
IO^{3-} 无色	SCN^- 无色	WO_4^{2-} 无色
K^+ 无色	SO_3^{2-} 无色	Zn^{2+} 无色
Li^+ 无色	SO_4^{2-} 无色	$Zn(NH_3)_4^{2+}$ 无色
Mg^{2+} 无色	$S_2O_3^{2-}$ 无色	ZnO_2^{2-} 无色
Mn^{2+} 粉红	$S_2O_4^{2-}$ 无色	SnO_2^{2-} 无色
I^{3-} 棕	$S_4O_6^{2-}$ 无色	SnS_2^{3-} 无色
IO^{3-} 无色	Sb^{3+} 无色	Sr^{2+} 无色
K^+ 无色	SbO_3^{3-} 无色	Ti^{3+} 紫
Li^+ 无色	SbO_4^{3-} 无色	OH^- 无色
Mg^{2+} 无色	SbS_3^{3-} 无色	PO^{3-} 无色
Mn^{2+} 粉红	SbS_4^{3-} 无色	PO_4^{3-} 无色
MnO_4^- 紫	SiO_3^{2-} 无色	$P_2O_7^{4-}$ 无色
MnO_4^{2-} 绿	SnO_2^{3-} 无色	V^{2+} 紫
NH_4^+ 无色	SnO^{2-} 无色	V^{3+} 绿
NO^{2-} 无色	UO_2^{2+} 黄（绿色荧光）	PbO_2^{2-} 无色
NO^{3-} 无色		
Na^+ 无色		
Ni^{2+} 绿		
$Ni(CN)_4^{2-}$ 黄		
$Ni(CH_3)_6^{2+}$ 蓝紫		
Pb^{2+} 无色		
$PbCl_4^{2-}$ 无色		

附录5 标准电极电势

标准电极电势如附表 5-1 所示。

附表5-1 标准电极电势

序 号	电极过程	$E^{\ominus}$/V
1	$Ag^+ + e \Longrightarrow Ag$	0.799 6
2	$Ag^{2+} + e \Longrightarrow Ag^+$	1.98
3	$AgBr + e \Longrightarrow Ag + Br^-$	0.071 3
4	$AgBrO_3 + e \Longrightarrow Ag + BrO_3^-$	0.546
5	$AgCl + e \Longrightarrow Ag + Cl^-$	0.222
6	$AgCN + e \Longrightarrow Ag + CN^-$	−0.017
7	$Ag_2CO_3 + 2e \Longrightarrow 2Ag + CO_3^{2-}$	0.47
8	$Ag_2C_2O_4 + 2e \Longrightarrow 2Ag + C_2O_4^{2-}$	0.465
9	$Ag_2CrO_4 + 2e \Longrightarrow 2Ag + CrO_4^{2-}$	0.447
10	$AgF + e \Longrightarrow Ag + F^-$	0.779
11	$Ag_4[Fe(CN)_6] + 4e \Longrightarrow 4Ag + [Fe(CN)^6]^{4-}$	0.148
12	$AgI + e \Longrightarrow Ag + I^-$	−0.152
13	$AgIO_3 + e \Longrightarrow Ag + IO_3^-$	0.354
14	$Ag_2MoO_4 + 2e \Longrightarrow 2Ag + MoO_4^{2-}$	0.457
15	$[Ag(NH_3)_2]^+ + e \Longrightarrow Ag + 2NH_3$	0.373
16	$AgNO_2 + e \Longrightarrow Ag + NO_2^-$	0.564
17	$Ag_2O + H_2O + 2e \Longrightarrow 2Ag + 2OH^-$	0.342
18	$2AgO + H_2O + 2e \Longrightarrow Ag_2O + 2OH^-$	0.607
19	$Ag_2S + 2e \Longrightarrow 2Ag + S^{2-}$	−0.691
20	$Ag_2S + 2H^+ + 2e \Longrightarrow 2Ag + H_2S$	−0.036 6
21	$AgSCN + e \Longrightarrow Ag + SCN^-$	0.089 5

续表

序　号	电极过程	$E^{\ominus}$/V
22	$Ag_2SeO_4+2e \rule[0.5ex]{2em}{0.4pt} 2Ag+SeO_4^{2-}$	0.363
23	$Ag_2SO_4+2e \rule[0.5ex]{2em}{0.4pt} 2Ag+SO_4^{2-}$	0.654
24	$Ag_2WO_4+2e \rule[0.5ex]{2em}{0.4pt} 2Ag+WO_4^{2-}$	0.466
25	$Al^{3+}+3e \rule[0.5ex]{2em}{0.4pt} Al$	−1.662
26	$AlF_6^{3-}+3e \rule[0.5ex]{2em}{0.4pt} Al+6F^-$	−2.069
27	$Al(OH)_3+3e \rule[0.5ex]{2em}{0.4pt} Al+3OH^-$	−2.31
28	$AlO_2^-+2H_2O+3e \rule[0.5ex]{2em}{0.4pt} Al+4OH^-$	−2.35
29	$Am^{3+}+3e \rule[0.5ex]{2em}{0.4pt} Am$	−2.048
30	$Am^{4+}+e \rule[0.5ex]{2em}{0.4pt} Am^{3+}$	2.6
31	$AmO_2^{2+}+4H^++3e \rule[0.5ex]{2em}{0.4pt} Am^{3+}+2H_2O$	1.75
32	$As+3H^++3e \rule[0.5ex]{2em}{0.4pt} AsH_3$	−0.608
33	$As+3H_2O+3e \rule[0.5ex]{2em}{0.4pt} AsH_3+3OH^-$	−1.37
34	$As_2O_3+6H^++6e \rule[0.5ex]{2em}{0.4pt} 2As+3H_2O$	0.234
35	$HAsO_2+3H^++3e \rule[0.5ex]{2em}{0.4pt} As+2H_2O$	0.248
36	$AsO_2^-+2H_2O+3e \rule[0.5ex]{2em}{0.4pt} As+4OH^-$	−0.68
37	$H_3AsO_4+2H^++2e \rule[0.5ex]{2em}{0.4pt} HAsO_2+2H_2O$	0.56
38	$AsO_4^{3-}+2H_2O+2e \rule[0.5ex]{2em}{0.4pt} AsO_2^-+4OH^-$	−0.71
39	$AsS^{2-}+3e \rule[0.5ex]{2em}{0.4pt} As+2S^{2-}$	−0.75
40	$AsS_4^{3-}+2e \rule[0.5ex]{2em}{0.4pt} AsS^{2-}+2S^{2-}$	−0.6
41	$Au^++e \rule[0.5ex]{2em}{0.4pt} Au$	1.692
42	$Au^{3+}+3e \rule[0.5ex]{2em}{0.4pt} Au$	1.498
43	$Au^{3+}+2e \rule[0.5ex]{2em}{0.4pt} Au^+$	1.401
44	$AuBr_2^-+e \rule[0.5ex]{2em}{0.4pt} Au+2Br^-$	0.959
45	$AuBr_4^-+3e \rule[0.5ex]{2em}{0.4pt} Au+4Br^-$	0.854
46	$AuCl_2^-+e \rule[0.5ex]{2em}{0.4pt} Au+2Cl^-$	1.15

序 号	电极过程	$E^\ominus$/V
47	$AuCl_4^- + 3e \Longrightarrow Au + 4Cl^-$	1.002
48	$AuI + e \Longrightarrow Au + I^-$	0.5
49	$Au(SCN)_4^- + 3e \Longrightarrow Au + 4SCN^-$	0.66
50	$Au(OH)_3 + 3H^+ + 3e \Longrightarrow Au + 3H_2O$	1.45
51	$BF_4^- + 3e \Longrightarrow B + 4F^-$	−1.04
52	$H_2BO_3^- + H_2O + 3e \Longrightarrow B + 4OH^-$	−1.79
53	$B(OH)_3 + 7H^+ + 8e \Longrightarrow BH_4^- + 3H_2O$	−0.0481
54	$Ba^{2+} + 2e \Longrightarrow Ba$	−2.912
55	$Ba(OH)_2 + 2e \Longrightarrow Ba + 2OH^-$	−2.99
56	$Be^{2+} + 2e \Longrightarrow Be$	−1.847
57	$Be_2O_3^{2-} + 3H_2O + 4e \Longrightarrow 2Be + 6OH^-$	−2.63
58	$Bi^+ + e \Longrightarrow Bi$	0.5
59	$Bi^{3+} + 3e \Longrightarrow Bi$	0.308
60	$BiCl_4^- + 3e \Longrightarrow Bi + 4Cl^-$	0.16
61	$BiOCl + 2H^+ + 3e \Longrightarrow Bi + Cl^- + H_2O$	0.16
62	$Bi_2O_3 + 3H_2O + 6e \Longrightarrow 2Bi + 6OH^-$	−0.46
63	$Bi_2O_4 + 4H^+ + 2e \Longrightarrow 2BiO^+ + 2H_2O$	1.593
64	$Bi_2O_4 + H_2O + 2e \Longrightarrow Bi_2O_3 + 2OH^-$	0.56
65	$Br_2(水溶液,\ aq) + 2e \Longrightarrow 2Br^-$	1.087
66	$Br_2(液体) + 2e \Longrightarrow 2Br^-$	1.066
67	$BrO^- + H_2O + 2e \Longrightarrow Br^- + 2OH^-$	0.761
68	$BrO_3^- + 6H^+ + 6e \Longrightarrow Br^- + 3H_2O$	1.423
69	$BrO_3^- + 3H_2O + 6e \Longrightarrow Br^- + 6OH^-$	0.61
70	$2BrO_3^- + 12H^+ + 10e \Longrightarrow Br_2 + 6H_2O$	1.482
71	$HBrO + H^+ + 2e \Longrightarrow Br^- + H_2O$	1.331

续 表

序 号	电极过程	$E^\ominus/V$
72	$2HBrO+2H^++2e \Longrightarrow Br_2(水溶液，aq)+2H_2O$	1.574
73	$CH_3OH+2H^++2e \Longrightarrow CH_4+H_2O$	0.59
74	$HCHO+2H^++2e \Longrightarrow CH_3OH$	0.19
75	$CH_3COOH+2H^++2e \Longrightarrow CH_3CHO+H_2O$	−0.12
76	$(CN)_2+2H^++2e \Longrightarrow 2HCN$	0.373
77	$(CNS)_2+2e \Longrightarrow 2CNS^-$	0.77
78	$CO_2+2H^++2e \Longrightarrow CO+H_2O$	−0.12
79	$CO_2+2H^++2e \Longrightarrow HCOOH$	−0.199
80	$Ca^{2+}+2e \Longrightarrow Ca$	−2.868
81	$Ca(OH)_2+2e \Longrightarrow Ca+2OH^-$	−3.02
82	$Cd^{2+}+2e \Longrightarrow Cd$	−0.403
83	$Cd^{2+}+2e \Longrightarrow Cd(Hg)$	−0.352
84	$Cd(CN)_4^{2-}+2e \Longrightarrow Cd+4CN^-$	−1.09
85	$CdO+H_2O+2e \Longrightarrow Cd+2OH^-$	−0.783
86	$CdS+2e \Longrightarrow Cd+S^{2-}$	−1.17
87	$CdSO_4+2e \Longrightarrow Cd+SO_4^{2-}$	−0.246
88	$Ce^{3+}+3e \Longrightarrow Ce$	−2.336
89	$Ce^{3+}+3e \Longrightarrow Ce(Hg)$	−1.437
90	$CeO_2+4H^++e \Longrightarrow Ce^{3+}+2H_2O$	1.4
91	$Cl_2(气体)+2e \Longrightarrow 2Cl^-$	1.358
92	$ClO^-+H_2O+2e \Longrightarrow Cl^-+2OH^-$	0.89
93	$HClO+H^++2e \Longrightarrow Cl^-+H_2O$	1.482
94	$2HClO+2H^++2e \Longrightarrow Cl_2+2H_2O$	1.611
95	$ClO_2^-+2H_2O+4e \Longrightarrow Cl^-+4OH^-$	0.76
96	$2ClO_3^-+12H^++10e \Longrightarrow Cl_2+6H_2O$	1.47

序 号	电极过程	$E^{\ominus}/V$
97	$ClO_3^- + 6H^+ + 6e \Longrightarrow Cl^- + 3H_2O$	1.451
98	$ClO_3^- + 3H_2O + 6e \Longrightarrow Cl^- + 6OH^-$	0.62
99	$ClO_4^- + 8H^+ + 8e \Longrightarrow Cl^- + 4H_2O$	1.38
100	$2ClO_4^- + 16H^+ + 14e \Longrightarrow Cl_2 + 8H_2O$	1.39
101	$Cm^{3+} + 3e \Longrightarrow Cm$	-2.04
102	$Co^{2+} + 2e \Longrightarrow Co$	-0.28
103	$[Co(NH_3)_6]^{3+} + e \Longrightarrow [Co(NH_3)_6]^{2+}$	0.108
104	$[Co(NH_3)_6]^{2+} + 2e \Longrightarrow Co + 6NH_3$	-0.43
105	$Co(OH)_2 + 2e \Longrightarrow Co + 2OH^-$	-0.73
106	$Co(OH)_3 + e \Longrightarrow Co(OH)_2 + OH^-$	0.17
107	$Cr^{2+} + 2e \Longrightarrow Cr$	-0.913
108	$Cr^{3+} + e \Longrightarrow Cr^{2+}$	-0.407
109	$Cr^{3+} + 3e \Longrightarrow Cr$	-0.744
110	$[Cr(CN)_6]^{3-} + e \Longrightarrow [Cr(CN)_6]^{4-}$	-1.28
111	$Cr(OH)_3 + 3e \Longrightarrow Cr + 3OH^-$	-1.48
112	$Cr_2O_7^{2-} + 14H^+ + 6e \Longrightarrow 2Cr^{3+} + 7H_2O$	1.232
113	$CrO_2^- + 2H_2O + 3e \Longrightarrow Cr + 4OH^-$	-1.2
114	$HCrO_4^- + 7H^+ + 3e \Longrightarrow Cr^{3+} + 4H_2O$	1.35
115	$CrO_4^{2-} + 4H_2O + 3e \Longrightarrow Cr(OH)_3 + 5OH^-$	-0.13
116	$Cs^+ + e \Longrightarrow Cs$	-2.92
117	$Cu^+ + e \Longrightarrow Cu$	0.521
118	$Cu^{2+} + 2e \Longrightarrow Cu$	0.342
119	$Cu^{2+} + 2e \Longrightarrow Cu(Hg)$	0.345
120	$Cu^{2+} + Br^- + e \Longrightarrow CuBr$	0.66
121	$Cu^{2+} + Cl^- + e \Longrightarrow CuCl$	0.57

续　表

序　号	电极过程	$E^{\ominus}/V$
122	$Cu^{2+}+I^-+e \rightleftharpoons CuI$	0.86
123	$Cu^{2+}+2CN^-+e \rightleftharpoons [Cu(CN)_2]^-$	1.103
124	$CuBr_2^-+e \rightleftharpoons Cu+2Br^-$	0.05
125	$CuCl_2^-+e \rightleftharpoons Cu+2Cl^-$	0.19
126	$CuI_2^-+e \rightleftharpoons Cu+2I^-$	0
127	$Cu_2O+H_2O+2e \rightleftharpoons 2Cu+2OH^-$	−0.36
128	$Cu(OH)_2+2e \rightleftharpoons Cu+2OH^-$	−0.222
129	$2Cu(OH)_2+2e \rightleftharpoons Cu_2O+2OH^-+H_2O$	−0.08
130	$CuS+2e \rightleftharpoons Cu+S^{2-}$	−0.7
131	$CuSCN+e \rightleftharpoons Cu+SCN^-$	−0.27
132	$Dy^{2+}+2e \rightleftharpoons Dy$	−2.2
133	$Dy^{3+}+3e \rightleftharpoons Dy$	−2.295
134	$Er^{2+}+2e \rightleftharpoons Er$	−2
135	$Er^{3+}+3e \rightleftharpoons Er$	−2.331
136	$Es^{2+}+2e \rightleftharpoons Es$	−2.23
137	$Es^{3+}+3e \rightleftharpoons Es$	−1.91
138	$Eu^{2+}+2e \rightleftharpoons Eu$	−2.812
139	$Eu^{3+}+3e \rightleftharpoons Eu$	−1.991
140	$F_2+2H^++2e \rightleftharpoons 2HF$	3.053
141	$F_2O+2H^++4e \rightleftharpoons H_2O+2F^-$	2.153
142	$Fe^{2+}+2e \rightleftharpoons Fe$	−0.447
143	$Fe^{3+}+3e \rightleftharpoons Fe$	−0.037
144	$[Fe(CN)_6]^{3-}+e \rightleftharpoons [Fe(CN)_6]^{4-}$	0.358
145	$[Fe(CN)_6]^{4-}+2e \rightleftharpoons Fe+6CN^-$	−1.5
146	$FeF_6^{3-}+e \rightleftharpoons Fe^{2+}+6F^-$	0.4

续 表

序 号	电极过程	$E^{\ominus}/V$
147	$Fe(OH)_2+2e \rule[0.5ex]{2em}{0.4pt} Fe+2OH^-$	−0.877
148	$Fe(OH)_3+e \rule[0.5ex]{2em}{0.4pt} Fe(OH)_2+OH^-$	−0.56
149	$Fe_3O_4+8H^++2e \rule[0.5ex]{2em}{0.4pt} 3Fe^{2+}+4H_2O$	1.23
150	$Fm^{3+}+3e \rule[0.5ex]{2em}{0.4pt} Fm$	−1.89
151	$Fr^++e \rule[0.5ex]{2em}{0.4pt} Fr$	−2.9
152	$Ga^{3+}+3e \rule[0.5ex]{2em}{0.4pt} Ga$	−0.549
153	$H_2GaO_3^-+H_2O+3e \rule[0.5ex]{2em}{0.4pt} Ga+4OH^-$	−1.29
154	$Gd^{3+}+3e \rule[0.5ex]{2em}{0.4pt} Gd$	−2.279
155	$Ge^{2+}+2e \rule[0.5ex]{2em}{0.4pt} Ge$	0.24
156	$Ge^{4+}+2e \rule[0.5ex]{2em}{0.4pt} Ge^{2+}$	0
157	$GeO_2+2H^++2e \rule[0.5ex]{2em}{0.4pt} GeO(棕色)+H_2O$	−0.118
158	$GeO_2+2H^++2e \rule[0.5ex]{2em}{0.4pt} GeO(黄色)+H_2O$	−0.273
159	$H_2GeO_3+4H^++4e \rule[0.5ex]{2em}{0.4pt} Ge+3H_2O$	−0.182
160	$2H^++2e \rule[0.5ex]{2em}{0.4pt} H_2$	0
161	$H_2+2e \rule[0.5ex]{2em}{0.4pt} 2H^-$	−2.25
162	$2H_2O+2e \rule[0.5ex]{2em}{0.4pt} H_2+2OH^-$	−0.827 7
163	$Hf^{4+}+4e \rule[0.5ex]{2em}{0.4pt} Hf$	−1.55
164	$Hg^{2+}+2e \rule[0.5ex]{2em}{0.4pt} Hg$	0.851
165	$Hg_2^{2+}+2e \rule[0.5ex]{2em}{0.4pt} 2Hg$	0.797
166	$2Hg^{2+}+2e \rule[0.5ex]{2em}{0.4pt} Hg_2^{2+}$	0.92
167	$Hg_2Br_2+2e \rule[0.5ex]{2em}{0.4pt} 2Hg+2Br^-$	0.139 2
168	$HgBr_4^{2-}+2e \rule[0.5ex]{2em}{0.4pt} Hg+4Br^-$	0.21
169	$Hg_2Cl_2+2e \rule[0.5ex]{2em}{0.4pt} 2Hg+2Cl^-$	0.268 1
170	$2HgCl_2+2e \rule[0.5ex]{2em}{0.4pt} Hg_2Cl_2+2Cl^-$	0.63
171	$Hg_2CrO_4+2e \rule[0.5ex]{2em}{0.4pt} 2Hg+CrO_4^{2-}$	0.54

续　表

序　号	电极过程	$E^\ominus$/V
172	$Hg_2I_2+2e \Longrightarrow 2Hg+2I^-$	−0.040 5
173	$Hg_2O+H_2O+2e \Longrightarrow 2Hg+2OH^-$	0.123
174	$HgO+H_2O+2e \Longrightarrow Hg+2OH^-$	0.097 7
175	$HgS(红色)+2e \Longrightarrow Hg+S^{2-}$	−0.7
176	$HgS(黑色)+2e \Longrightarrow Hg+S^{2-}$	−0.67
177	$Hg_2(SCN)_2+2e \Longrightarrow 2Hg+2SCN^-$	0.22
178	$Hg_2SO_4+2e \Longrightarrow 2Hg+SO_4^{2-}$	0.613
179	$Ho^{2+}+2e \Longrightarrow Ho$	−2.1
180	$Ho^{3+}+3e \Longrightarrow Ho$	−2.33
181	$I_2+2e \Longrightarrow 2I^-$	0.535 5
182	$I^{3-}+2e \Longrightarrow 3I^-$	0.536
183	$2IBr+2e \Longrightarrow I_2+2Br^-$	1.02
184	$ICN+2e \Longrightarrow I^-+CN^-$	0.3
185	$2HIO+2H^++2e \Longrightarrow I_2+2H_2O$	1.439
186	$HIO+H^++2e \Longrightarrow I^-+H_2O$	0.987
187	$IO^-+H_2O+2e \Longrightarrow I^-+2OH^-$	0.485
188	$2IO_3^-+12H^++10e \Longrightarrow I_2+6H_2O$	1.195
189	$IO_3^-+6H^++6e \Longrightarrow I^-+3H_2O$	1.085
190	$IO_3^-+2H_2O+4e \Longrightarrow IO^-+4OH^-$	0.15
191	$IO_3^-+3H_2O+6e \Longrightarrow I^-+6OH^-$	0.26
192	$2IO_3^-+6H_2O+10e \Longrightarrow I_2+12OH^-$	0.21
193	$H_5IO_6+H^++2e \Longrightarrow IO_3^-+3H_2O$	1.601
194	$In^++e \Longrightarrow In$	−0.14
195	$In^{3+}+3e \Longrightarrow In$	−0.338
196	$In(OH)_3+3e \Longrightarrow In+3OH^-$	−0.99

序 号	电极过程	$E^\ominus$/V
197	$Ir^{3+}+3e \Longrightarrow Ir$	1.156
198	$IrBr_6^{2-}+e \Longrightarrow IrBr_6^{3-}$	0.99
199	$IrCl_6^{2-}+e \Longrightarrow IrCl_6^{3-}$	0.867
200	$K^++e \Longrightarrow K$	−2.931
201	$La^{3+}+3e \Longrightarrow La$	−2.379
202	$La(OH)_3+3e \Longrightarrow La+3OH^-$	−2.9
203	$Li^++e \Longrightarrow Li$	−3.04
204	$Lr^{3+}+3e \Longrightarrow Lr$	−1.96
205	$Lu^{3+}+3e \Longrightarrow Lu$	−2.28
206	$Md^{2+}+2e \Longrightarrow Md$	−2.4
207	$Md^{3+}+3e \Longrightarrow Md$	−1.65
208	$Mg^{2+}+2e \Longrightarrow Mg$	−2.372
209	$Mg(OH)_2+2e \Longrightarrow Mg+2OH^-$	−2.69
210	$Mn^{2+}+2e \Longrightarrow Mn$	−1.185
211	$Mn^{3+}+3e \Longrightarrow Mn$	1.542
212	$MnO_2+4H^++2e \Longrightarrow Mn_2+2H_2O$	1.224
213	$MnO_4^-+4H^++3e \Longrightarrow MnO_2+2H_2O$	1.679
214	$MnO_4^-+8H^++5e \Longrightarrow Mn^{2+}+4H_2O$	1.507
215	$MnO_4^-+2H_2O+3e \Longrightarrow MnO_2+4OH^-$	0.595
216	$Mn(OH)_2+2e \Longrightarrow Mn+2OH^-$	−1.56
217	$Mo^{3+}+3e \Longrightarrow Mo$	−0.2
218	$MoO_4^{2-}+4H_2O+6e \Longrightarrow Mo+8OH^-$	−1.05
219	$N_2+2H_2O+6H^++6e \Longrightarrow 2NH_4OH$	0.092
220	$2NH_3OH^++H^++2e \Longrightarrow N_2H_5^++2H_2O$	1.42
221	$2NO+H_2O+2e \Longrightarrow N_2O+2OH^-$	0.76

续 表

序 号	电极过程	$E^{\ominus}/V$
222	$2HNO_2+4H^++4e \Longrightarrow N_2O+3H_2O$	1.297
223	$NO_3^-+3H^++2e \Longrightarrow HNO_2+H_2O$	0.934
224	$NO_3^-+H_2O+2e \Longrightarrow NO_2^-+2OH^-$	0.01
225	$2NO_3^-+2H_2O+2e \Longrightarrow N_2O_4+4OH^-$	−0.85
226	$Na^++e \Longrightarrow Na$	−2.713
227	$Nb^{3+}+3e \Longrightarrow Nb$	−1.099
228	$NbO_2+4H^++4e \Longrightarrow Nb+2H_2O$	−0.69
229	$Nb_2O_5+10H^++10e \Longrightarrow 2Nb+5H_2O$	−0.644
230	$Nd^{2+}+2e \Longrightarrow Nd$	−2.1
231	$Nd^{3+}+3e \Longrightarrow Nd$	−2.323
232	$Ni^{2+}+2e \Longrightarrow Ni$	−0.257
233	$NiCO_3+2e \Longrightarrow Ni+CO_3^{2-}$	−0.45
234	$Ni(OH)_2+2e \Longrightarrow Ni+2OH^-$	−0.72
235	$NiO_2+4H^++2e \Longrightarrow Ni^{2+}+2H_2O$	1.678
236	$No^{2+}+2e \Longrightarrow No$	−2.5
237	$No^{3+}+3e \Longrightarrow No$	−1.2
238	$Np^{3+}+3e \Longrightarrow Np$	−1.856
239	$NpO_2+H_2O+H^++e \Longrightarrow Np(OH)_3$	−0.962
240	$O_2+4H^++4e \Longrightarrow 2H_2O$	1.229
241	$O_2+2H_2O+4e \Longrightarrow 4OH^-$	0.401
242	$O_3+H_2O+2e \Longrightarrow O_2+2OH^-$	1.24
243	$Os^{2+}+2e \Longrightarrow Os$	0.85
244	$OsCl_6^{3-}+e \Longrightarrow Os^{2+}+6Cl^-$	0.4
245	$OsO_2+2H_2O+4e \Longrightarrow Os+4OH^-$	−0.15
246	$OsO_4+8H^++8e \Longrightarrow Os+4H_2O$	0.838

序 号	电极过程	$E^\ominus/V$
247	$OsO_4+4H^++4e \Longrightarrow OsO_2+2H_2O$	1.02
248	$P+3H_2O+3e \Longrightarrow PH_3(g)+3OH^-$	−0.87
249	$H_2PO^{2-}+e \Longrightarrow P+2OH^-$	−1.82
250	$H_3PO_3+2H^++2e \Longrightarrow H_3PO_2+H_2O$	−0.499
251	$H_3PO_3+3H^++3e \Longrightarrow P+3H_2O$	−0.454
252	$H_3PO_4+2H^++2e \Longrightarrow H_3PO_3+H_2O$	−0.276
253	$PO_4^{3-}+2H_2O+2e \Longrightarrow HPO_3^{2-}+3OH^-$	−1.05
254	$Pa^{3+}+3e \Longrightarrow Pa$	−1.34
255	$Pa^{4+}+4e \Longrightarrow Pa$	−1.49
256	$Pb^{2+}+2e \Longrightarrow Pb$	−0.126
257	$Pb^{2+}+2e \Longrightarrow Pb(Hg)$	−0.121
258	$PbBr_2+2e \Longrightarrow Pb+2Br^-$	−0.284
259	$PbCl_2+2e \Longrightarrow Pb+2Cl^-$	−0.268
260	$PbCO_3+2e \Longrightarrow Pb+CO_3^{2-}$	−0.506
261	$PbF_2+2e \Longrightarrow Pb+2F^-$	−0.344
262	$PbI_2+2e \Longrightarrow Pb+2I^-$	−0.365
263	$PbO+H_2O+2e \Longrightarrow Pb+2OH^-$	−0.58
264	$PbO+2H^++2e \Longrightarrow Pb+H_2O$	0.25
265	$PbO_2+4H^++2e \Longrightarrow Pb^{2+}+2H_2O$	1.455
266	$HPbO_2^-+H_2O+2e \Longrightarrow Pb+3OH^-$	−0.537
267	$PbO_2+SO_4^{2-}+4H^++2e \Longrightarrow PbSO_4+2H_2O$	1.691
268	$PbSO_4+2e \Longrightarrow Pb+SO_4^{2-}$	−0.359
269	$Pd^{2+}+2e \Longrightarrow Pd$	0.915
270	$PdBr_4^{2-}+2e \Longrightarrow Pd+4Br^-$	0.6
271	$PdO_2+H_2O+2e \Longrightarrow PdO+2OH^-$	0.73

续 表

序 号	电极过程	$E^{\ominus}/V$
272	$Pd(OH)_2+2e \Longrightarrow Pd+2OH^-$	0.07
273	$Pm^{2+}+2e \Longrightarrow Pm$	−2.2
274	$Pm^{3+}+3e \Longrightarrow Pm$	−2.3
275	$Po^{4+}+4e \Longrightarrow Po$	0.76
276	$Pr^{2+}+2e \Longrightarrow Pr$	−2
277	$Pr^{3+}+3e \Longrightarrow Pr$	−2.353
278	$Pt^{2+}+2e \Longrightarrow Pt$	1.18
279	$[PtCl_6]^{2-}+2e \Longrightarrow [PtCl_4]^{2-}+2Cl^-$	0.68
280	$Pt(OH)_2+2e \Longrightarrow Pt+2OH^-$	0.14
281	$PtO_2+4H^++4e \Longrightarrow Pt+2H_2O$	1
282	$PtS+2e \Longrightarrow Pt+S^{2-}$	−0.83
283	$Pu^{3+}+3e \Longrightarrow Pu$	−2.031
284	$Pu^{5+}+e \Longrightarrow Pu^{4+}$	1.099
285	$Ra^{2+}+2e \Longrightarrow Ra$	−2.8
286	$Rb^++e \Longrightarrow Rb$	−2.98
287	$Re^{3+}+3e \Longrightarrow Re$	0.3
288	$ReO_2+4H^++4e \Longrightarrow Re+2H_2O$	0.251
289	$ReO_4^-+4H^++3e \Longrightarrow ReO_2+2H_2O$	0.51
290	$ReO_4^-+4H_2O+7e \Longrightarrow Re+8OH^-$	−0.584
291	$Rh^{2+}+2e \Longrightarrow Rh$	0.6
292	$Rh^{3+}+3e \Longrightarrow Rh$	0.758
293	$Ru^{2+}+2e \Longrightarrow Ru$	0.455
294	$RuO_2+4H^++2e \Longrightarrow Ru^{2+}+2H_2O$	1.12
295	$RuO_4+6H^++4e \Longrightarrow Ru(OH)_2^{2+}+2H_2O$	1.4
296	$S+2e \Longrightarrow S^{2-}$	−0.476

续　表

序　号	电极过程	$E^{\ominus}/V$
297	$S+2H^++2e \Longrightarrow H_2S($水溶液，$aq)$	0.142
298	$S_2O_6^{2-}+4H^++2e \Longrightarrow 2H_2SO_3$	0.564
299	$2SO_3^{2-}+3H_2O+4e \Longrightarrow S_2O_3^{2-}+6OH^-$	−0.571
300	$2SO_3^{2-}+2H_2O+2e \Longrightarrow S_2O_4^{2-}+4OH^-$	−1.12
301	$SO_4^{2-}+H_2O+2e \Longrightarrow SO_3^{2-}+2OH^-$	−0.93
302	$Sb+3H^++3e \Longrightarrow SbH_3$	−0.51
303	$Sb_2O_3+6H^++6e \Longrightarrow 2Sb+3H_2O$	0.152
304	$Sb_2O_5+6H^++4e \Longrightarrow 2SbO^++3H_2O$	0.581
305	$SbO_3^-+H_2O+2e \Longrightarrow SbO_2^-+2OH^-$	−0.59
306	$Sc^{3+}+3e \Longrightarrow Sc$	−2.077
307	$Sc(OH)_3+3e \Longrightarrow Sc+3OH^-$	−2.6
308	$Se+2e \Longrightarrow Se^{2-}$	−0.924
309	$Se+2H^++2e \Longrightarrow H_2Se($水溶液，$aq)$	−0.399
310	$H_2SeO_3+4H^++4e \Longrightarrow Se+3H_2O$	−0.74
311	$SeO_3^{2-}+3H_2O+4e \Longrightarrow Se+6OH^-$	−0.366
312	$SeO_4^{2-}+H_2O+2e \Longrightarrow SeO_3^{2-}+2OH^-$	0.05
313	$Si+4H^++4e \Longrightarrow SiH_4($气体$)$	0.102
314	$Si+4H_2O+4e \Longrightarrow SiH_4+4OH^-$	−0.73
315	$SiF_6^{2-}+4e \Longrightarrow Si+6F^-$	−1.24
316	$SiO_2+4H^++4e \Longrightarrow Si+2H_2O$	−0.857
317	$SiO_3^{2-}+3H_2O+4e \Longrightarrow Si+6OH^-$	−1.697
318	$Sm^{2+}+2e \Longrightarrow Sm$	−2.68
319	$Sm^{3+}+3e \Longrightarrow Sm$	−2.304
320	$Sn^{2+}+2e \Longrightarrow Sn$	−0.138
321	$Sn^{4+}+2e \Longrightarrow Sn^{2+}$	0.151

续　表

序　号	电极过程	$E^{\ominus}/V$
322	$SnCl_4^{2-}+2e \Longrightarrow Sn+4Cl^-$(1 mol/L 的 HCl)	-0.19
323	$SnF_6^{2-}+4e \Longrightarrow Sn+6F^-$	-0.25
324	$Sn(OH)_3^-+3H^++2e \Longrightarrow Sn+3H_2O$	0.142
325	$SnO_2+4H^++4e \Longrightarrow Sn+2H_2O$	-0.117
326	$Sn(OH)_6^{2-}+2e \Longrightarrow HSnO_2^-+3OH^-+H_2O$	-0.93
327	$Sr^{2+}+2e \Longrightarrow Sr$	-2.899
328	$Sr^{2+}+2e \Longrightarrow Sr(Hg)$	-1.793
329	$Sr(OH)_2+2e \Longrightarrow Sr+2OH^-$	-2.88
330	$Ta^{3+}+3e \Longrightarrow Ta$	-0.6
331	$Tb^{3+}+3e \Longrightarrow Tb$	-2.28
332	$Tc^{2+}+2e \Longrightarrow Tc$	0.4
333	$TcO_4^-+8H^++7e \Longrightarrow Tc+4H_2O$	0.472
334	$TcO_4^-+2H_2O+3e \Longrightarrow TcO_2+4OH^-$	-0.311
335	$Te+2e \Longrightarrow Te^{2-}$	-1.143
336	$Te^{4+}+4e \Longrightarrow Te$	0.568
337	$Th^{4+}+4e \Longrightarrow Th$	-1.899
338	$Ti^{2+}+2e \Longrightarrow Ti$	-1.63
339	$Ti^{3+}+3e \Longrightarrow Ti$	-1.37
340	$TiO_2+4H^++2e \Longrightarrow Ti^{2+}+2H_2O$	-0.502
341	$TiO^{2+}+2H^++e \Longrightarrow Ti^{3+}+H_2O$	0.1
342	$Tl^++e \Longrightarrow Tl$	-0.336
343	$Tl^{3+}+3e \Longrightarrow Tl$	0.741
344	$Tl^{3+}+Cl^-+2e \Longrightarrow TlCl$	1.36
345	$TlBr+e \Longrightarrow Tl+Br^-$	-0.658
346	$TlCl+e \Longrightarrow Tl+Cl^-$	-0.557

序　号	电极过程	$E^{\ominus}/V$
347	$TlI+e \rightleftharpoons Tl+I^-$	−0.752
348	$Tl_2O_3+3H_2O+4e \rightleftharpoons 2Tl^++6OH^-$	0.02
349	$TlOH+e \rightleftharpoons Tl+OH^-$	−0.34
350	$Tl_2SO_4+2e \rightleftharpoons 2Tl+SO_4^{2-}$	−0.436
351	$Tm^{2+}+2e \rightleftharpoons Tm$	−2.4
352	$Tm^{3+}+3e \rightleftharpoons Tm$	−2.319
353	$U^{3+}+3e \rightleftharpoons U$	−1.798
354	$UO_2+4H^++4e \rightleftharpoons U+2H_2O$	−1.4
355	$UO_2^++4H^++e \rightleftharpoons U^{4+}+2H_2O$	0.612
356	$UO_2^{2+}+4H^++6e \rightleftharpoons U+2H_2O$	−1.444
357	$V^{2+}+2e \rightleftharpoons V$	−1.175
358	$VO^{2+}+2H^++e \rightleftharpoons V^{3+}+H_2O$	0.337
359	$VO_2^++2H^++e \rightleftharpoons VO^{2+}+H_2O$	0.991
360	$VO^{2+}+4H^++3e \rightleftharpoons V^{3+}+2H_2O$	0.668
361	$V_2O_5+10H^++10e \rightleftharpoons 2V+5H_2O$	−0.242
362	$W^{3+}+3e \rightleftharpoons W$	0.1
363	$WO_3+6H^++6e \rightleftharpoons W+3H_2O$	−0.09
364	$W_2O_5+2H^++2e \rightleftharpoons 2WO_2+H_2O$	−0.031
365	$Y^{3+}+3e \rightleftharpoons Y$	−2.372
366	$Yb^{2+}+2e \rightleftharpoons Yb$	−2.76
367	$Yb^{3+}+3e \rightleftharpoons Yb$	−2.19
368	$Zn^{2+}+2e \rightleftharpoons Zn$	−0.761 8
369	$Zn^{2+}+2e \rightleftharpoons Zn(Hg)$	−0.762 8
370	$Zn(OH)_2+2e \rightleftharpoons Zn+2OH^-$	−1.249
371	$ZnS+2e \rightleftharpoons Zn+S^{2-}$	−1.4
372	$ZnSO_4+2e \rightleftharpoons Zn(Hg)+SO_4^{2-}$	−0.799

附录 6　常用缓冲溶液的 pH 范围

常用缓冲溶液的 pH 范围如附表 6-1 所示。

附表6-1　常用缓冲溶液的pH范围

缓冲溶液	$pK_a^{\ominus}$	pH 缓冲范围
盐酸 – 邻苯二甲酸氢钾	3.1	2.2 ～ 4.0
乙酸 – 乙酸钠	4.8	3.6 ～ 5.6
甘氨酸 – 盐酸缓冲液		2.2 ～ 5.0
磷酸氢二钠 – 柠檬酸		2.2 ～ 8.0
柠檬酸 – 氢氧化钠 – 盐酸		2.2 ～ 6.5
柠檬酸 – 柠檬酸钠		3.0 ～ 6.6
磷酸氢二钠 – 磷酸二氢钠		5.8 ～ 8.0
邻苯二甲酸氢钾 – 氢氧化钾	5.4	4.0 ～ 6.2
磷酸氢二钠 – 磷酸二氢钾		4.92 ～ 8.18
磷酸二氢钾 – 氢氧化钠	7.2	5.8 ～ 8.0
磷酸二氢钾 – 硼砂	7.2	5.8 ～ 9.2
磷酸二氢钾 – 磷酸氢二钾	7.2	5.9 ～ 8.0
巴比妥钠 – 盐酸		6.8 ～ 9.6
Tris – 盐酸		7.1 ～ 9.0
硼砂 – 盐酸		8.0 ～ 9.1

缓冲溶液	$pK_a^{\ominus}$	pH 缓冲范围
甘氨酸 – 氢氧化钠		8.6 ～ 10.6
硼砂 – 氢氧化钠		9.3 ～ 10.1
硼酸 – 硼砂	9.2	7.2 ～ 9.2
硼酸 – 氢氧化钠	9.2	8.0 ～ 10.0
氯化铵 – 氨水	9.3	8.3 ～ 10.3
氯化钾 – 盐酸		1.0 ～ 2.2
氯化钾 – 氢氧化钠		12.0 ～ 13.0
碳酸氢钠 – 碳酸钠	10.3	9.2 ～ 11.0
磷酸二氢钠 – 氢氧化钠	12.4	11.0 ～ 12.0

附录 7　常用酸碱指示剂的变色范围

常用酸碱指示剂的变色范围及溶液配制方法如附表 7-1 所示。

附表7-1　常用酸碱指示剂的变色范围及溶液配制方法

溶液的组成	变色 pH 范围	颜色变化	溶液配制方法
甲基紫 （第一变色范围）	0.13 ～ 0.5	黄—绿	1 g/L 或 0.5g/L 的水溶液
苦味酸	0.0 ～ 1.3	无色—黄色	1 g/L 的水溶液
甲基绿	0.1 ～ 2.0	黄—绿—浅蓝	0.5 g/L 的水溶液
孔雀绿 （第一变色范围）	0.13 ～ 2.0	黄—浅 蓝—绿	1 g/L 的水溶液

续 表

溶液的组成	变色 pH 范围	颜色变化	溶液配制方法
甲酚红 （第一变色范围）	0.2 ～ 1.8	红—黄	0.04 g 指示剂溶于 100 mL 50% 的乙醇中
甲基紫 （第二变色范围）	1.0 ～ 1.5	绿—蓝	1 g/L 的水溶液
百里酚蓝 （第一变色范围）	1.2 ～ 2.8	红—黄	0.1 g 指示剂溶于 100 mL 20% 的乙醇中
甲基紫 （第三变色范围）	2.0 ～ 3.0	蓝—紫	1 g/L 的水溶液
茜素黄 R （第一变色范围）	1.9 ～ 3.3	红—黄	1 g/L 的水溶液
二甲基黄	2.9 ～ 4.0	红—黄	0.1 g 或 0.01 g 指示剂溶于 100 mL 90% 的乙醇中
甲基橙	3.1 ～ 4.4	红—橙黄	1 g/L 的水溶液
溴酚蓝	3.0 ～ 4.6	黄—蓝	0.1 g 指示剂溶于 100 mL 20% 的乙醇
刚果红	3.0 ～ 5.2	蓝紫—红	1g/L 的水溶液
茜素红 S （第一变色范围）	3.7 ～ 5.2	黄—紫	1g/L 的水溶液
溴甲酚绿	3.8 ～ 5.4	黄—蓝	0.1 g 指示剂溶于 100 mL 20% 乙醇中
甲基红	4.4 ～ 6.2	红—黄	0.1 g 或 0.2 g 指示剂溶于 100 mL 60% 的乙醇中
溴酚红	5.0 ～ 6.8	黄—红	0.1 g 或 0.04 g 指示剂溶于 100 mL 20% 的乙醇中
溴甲酚紫	5.2 ～ 6.8	黄—紫红	0.1 g 指示剂溶于 100 mL 20% 的乙醇中
溴百里酚蓝	6.0 ～ 7.6	黄—蓝	0.05 g 指示剂溶于 100 mL 20% 的乙醇中

续 表

溶液的组成	变色pH范围	颜色变化	溶液配制方法
中性红	6.8 ~ 8.0	红一亮黄	0.1 g 指示剂溶于 100 mL 60% 的乙醇中
酚 红	6.8 ~ 8.0	黄一红	0.1 g 指示剂溶于 100 mL 20% 的乙醇中
甲酚红	7.2 ~ 8.8	亮黄一紫红	0.1 g 指示剂溶于 100 mL 50% 的乙醇中
百里酚蓝（第二变色范围）	8.0 ~ 9.0	黄一蓝	参看第一变色范围
酚 酞	8.2 ~ 10.0	无色一紫红	（1）0.1 g 指示剂溶于 100 mL 60% 的乙醇中；（2）1 g 酚酞溶于 100 mL 90% 的乙醇中
百里酚酞	9.4 ~ 10.6	无色一蓝	0.1g 指示剂溶于 100 mL 90% 的乙醇中
茜素红 S（第二变色范围）	10.0 ~ 12.0	紫一淡黄	参看第一变色范围
茜素黄 R（第二变色范围）	10.1 ~ 12.1	黄一淡紫	1 g/L 的水溶液
孔雀绿（第二变色范围）	11.5 ~ 13.2	蓝绿一无色	参看第一变色范围
达旦黄	12.0 ~ 13.0	黄一红	1 g/L 的水溶液

注：温度 291 ~ 298 K。

混合酸碱指示剂的溶液组成和颜色变化如附表 7-2 所示。

附表7-2　混合酸碱指示剂的溶液组成和颜色变化

指示剂溶液的组成	变色点 pH	颜色变化		备　注
		酸色	碱色	
1 份 1 g/L 的甲基黄乙醇溶液， 1 份 1 g/L 的次甲基蓝乙醇溶液	3.25	蓝紫	绿	pH=3.2，蓝紫色 pH=3.4，绿色
4 份 2 g/L 的溴甲酚绿乙醇溶液， 1 份 2 g/L 的二甲基黄乙醇溶液	3.9	橙	绿	变色点黄色
1 份 2 g/L 的甲基橙溶液， 1 份 2.8 g/L 的靛蓝（二磺酸）乙醇溶液	4.1	紫	黄绿	调节两者的比例， 直至终点敏锐
1 份 1 g/L 的溴百里酚绿钠盐水溶液， 1 份 2 g/L 的甲基橙水溶液	4.3	黄	蓝绿	pH=3.5，黄色； pH=4.0，黄绿色； pH=4.3，绿色
3 份 1 g/L 的溴甲酚绿乙醇溶液， 1 份 2 g/L 的甲基红乙醇溶液	5.1	酒红	绿	
1 份 2 g/L 的甲基红乙醇溶液， 1 份 1 g/L 的次甲基蓝乙醇溶液	5.4	红紫	绿	pH=5.2，红紫； pH=5.4，暗蓝； pH=5.6，绿
1 份 1 g/L 的溴甲酚绿钠盐水溶液， 1 份 1 g/L 的氯酚红钠盐水溶液	6.1	黄绿	蓝紫	pH=5.4，蓝绿； pH=5.8，蓝； pH=6.2，蓝紫
1 份 1 g/L 的溴甲酚紫钠盐水溶液， 1 份 1 g/L 的溴百里酚蓝钠盐水溶液	6.7	黄	蓝紫	pH=6.2，黄紫； pH=6.6，紫； pH=6.8，蓝紫
1 份 1 g/L 的中性红乙醇溶液， 1 份 1 g/L 的次甲基蓝乙醇溶液	7.0	蓝紫	绿	pH=7.0，蓝紫
1 份 1 g/L 的溴百里酚蓝钠盐水溶液， 1 份 1 g/L 的酚红钠盐水溶液	7.5	黄	紫	pH=7.2，暗绿； pH=7.4，淡紫； pH=7.6，深紫
1 份 1 g/L 的甲酚红 50%乙醇溶液， 6 份 1 g/L 的百里酚蓝 50%乙醇溶液	8.3	黄	紫	pH=8.2，玫瑰色； pH=8.4，紫色，变 色点微红色